LES JOYEUSETÉS

DE

LA MÉDECINE

LES JOYEUSETÉS

DE LA

MÉDECINE

ANECDOTES, BONS MOTS

PENSÉES, CHANSONS, ÉPIGRAMMES, ETC.

Recueillis et annotés

PAR

LE Dr G.-J. WITKOWSKI

Ouvrage illustré de deux eaux-fortes.

PARIS

C. MARPON ET E. FLAMMARION, ÉDITEURS

Galeries de l'Odéon, & rue Racine, 26

L'AMOUR BLESSÉ.

L'AMOUR GUÉRI.

SONNET-PRÉFACE

Il est un médecin, disciple de Molière,
Qui, narguant comme lui l'Art traditionnel,
N'ordonne jamais rien, pas le moindre clystère,
Et radicalement guérit chaque mortel.

C'est un gai compagnon, grand ami de Voltaire,
Ennemi de la morgue et du ton solennel ;
Rabelais s'inspirait de ce joyeux compère
Qui soulagea Scarron, sans drogue ni scalpel.

Ce docte boute-en-train… Mais faut-il te le dire,
Lecteur ? Tu le connais, il a pour nom le Rire !
Consulte-le sans cesse et fais-lui bon accueil.

Son traitement est simple, applicable à tout âge ;
Il peut être suivi partout, — même en voyage :
Si tu veux sa recette, ouvre et lis ce RECUEIL.

LES JOYEUSETÉS
DE
LA MÉDECINE

LA SALLE DE GARDE
DE LA CHARITÉ (1)

—

Un jour que l'Olympe était pris d'un accès de folle gaieté, Apollon et ses sœurs les Muses enfourchèrent Pégase, et, lâchant au noble animal la bride sur le cou, la docte compagnie se laissa descendre sur les rives de la Seine, non loin du palais de l'Institut, où elle se garda bien d'entrer. L'Académie de médecine était voisine; Thalie insistait pour qu'on s'y arrêtât; mais Apollon, soupçonnant une intention maligne à la muse de la satire, lui dit :

> Je fus trop souvent maltraité
> Dans cet endroit par mes confrères;
> Je ne veux plus, par dignité,
> Intervenir dans leurs affaires.

Pégase avait ses raisons pour en penser pis encore, et d'un commun accord il fut décidé

(1) Les internes de la Charité réunissaient souvent à leur

qu'on irait voir ce qui se passait à la salle de
garde de l'hôpital de la Charité.

> Erato voulait, m'a-t-on dit,
> Des internes un peu volages,
> Changer et le cœur et l'esprit
> En les rendant beaucoup plus sages.
>
> Elle voulait, dans ses leçons,
> Les blâmer de leur inconstance,
> Et sur leurs galantes façons
> Les réprimander d'importance.
>
> Je ne crois pas que le succès
> Ait payé la tendre déesse ;
> J'affirmerai ce que je sais :
> On n'en rit pas — par politesse.
>
> On dit aussi que Terpsichore
> Voulait savoir si les lilas
> Au Luxembourg vivaient encore,
> Et, si tout près, il n'était pas

table des artistes dans tous les genres. Les peintres, qui étaient
en majorité, résolurent un jour de décorer le lieu où se tenaient
ces agapes de la jeunesse, et quelques mois après on pouvait
lire à l'extrémité de la salle cette inscription :

CETTE SALLE DE GARDE A ÉTÉ DÉCORÉE PAR MM.
ACHARD, STÉPHANE BARON, GUSTAVE DORÉ, DROZ
HIPPOLYTE FAUVEL, FEYEN, FLAHAUT, FOULONGNE, FRANÇAIS
GASSIES, ED. GUET, J.-L. HAMON
HARPIGNIES, NAZON VERNIER, AXENFELD, PEINTRES, 1859
GILLON, ARCHITECTE.
PENDANT L'INTERNAT DE MM.
BALL, G. BEAUMETZ, A. DESCROIZILLES, A. DESPRES
CH. FAUVEL, GUERLAIN, JOUON, PIERRESON, JULES SIMON

Un Eden aux épais feuillages,
Où le soir, au son des hautbois.
On dansait sous de frais ombrages.
On s'aimait si bien autrefois !

La muse apprit que la jeunesse
Avait changé depuis vingt ans :
Très peu d'amis, plus de maîtresse
Au joyeux rire, aux blanches dents;

On lui dit que l'âpre lorette
Hantait le vieux pays latin,
Qu'on n'entendait plus la grisette
Y gazouiller soir et matin.

— Où donc la jeunesse s'est-elle réfugiée ?
Où donc retrouverai-je cette joyeuse camaraderie
d'autrefois ? demanda la muse attristée.

— Ici, madame, lui répondit un des internes
en s'approchant d'elle :

A deux battants à l'amitié
Nous avons ouvert notre porte,
Et nous vous offrons la moitié
Du plaisir qui toujours l'escorte.
Mêmes travaux, mêmes devoirs
Ici nous appellent ensemble;
Vous nous trouverez tous les soirs
Au coin du feu qui nous rassemble :
Ces lambris ne sont pas dorés;
Cette voûte est un peu fanée;
Mais pour nous les murs sont sacrés,
Ils sont bénis, — car chaque année,
Ramenant ici l'âge d'or,
Ajoute une liste nouvelle
A ces noms qu'on peut lire encor
Par le temps blanchis d'un coup d'aile.

> Notre richesse est la gaieté,
> Seul trésor de notre heureux âge ;
> Nous aimons la simplicité,
> Et chacun de nous vit en sage.
> Aussi, les rires et les jeux
> Près de nous voltigent en troupe.
> Notre café vaudrait-il mieux
> Pour être bu dans une coupe ?

Les Muses furent alors invitées à s'approcher de la longue table ; elles oublièrent pour un instant leur céleste origine et savourèrent le moka de la salle de garde avec autant de plaisir que l'eussent fait de simples mortels.

> Je crois même que l'ambroisie
> Perdit à la comparaison ;
> C'est elle qui, par jalousie,
> Traita le café de poison.

On causa beaucoup et longtemps. Je ne pourrais vous rapporter tout ce qui se dit dans cette soirée ; j'avais le malheur de n'y pas être. Mais l'on m'a raconté que, charmées de l'accueil qu'elles recevaient, les Muses résolurent de récompenser de leur mieux les internes de la Charité. Euterpe se chargea de les remercier, elle le fit en ces termes :

« Messieurs, vous nous avez offert l'hospitalité ; nous voulons vous en témoigner notre reconnaissance, nous voulons que notre passage laisse ici des traces qui ne s'effacent pas. Les arts et les sciences sont de la même famille ;

nous vous enverrons des hommes qui, comme vous, ont conservé le culte de l'amitié. Sur ces murs, aujourd'hui si tristes et si nus, viendront se grouper les œuvres de nos meilleurs élèves. Laissez-nous faire, et vous verrez que les Muses ont la mémoire du cœur. »

Elle dit, et les neuf sœurs remontèrent vers l'Olympe en laissant derrière elles un parfum de jeunesse et de poésie qu'on respire encore dans la salle de garde.

Quand ils ont du talent, tous les artistes ont bon cœur. La muse de la peinture alla frapper à la porte de ses favoris, et tous s'empressèrent de préparer de petits chefs-d'œuvre. Un matin, l'un d'eux conçut et exécuta, entre deux éclats de rire rabelaisien, la plus fantastique et originale bouffonnerie qu'il soit possible d'imaginer : le Père de la médecine recevant les hommages des médecins et des chirurgiens de tous les temps.

De son gai pinceau, Gustave Doré
Peignit Hippocrate : il est décoré
Comme un vétéran de la vieille garde ;
Sur un trône assis, le Père regarde
Les nombreux présents qui lui sont offerts.
Il ne connaît point ces engins divers ;
En les contemplant grande est sa surprise ;
Il en rit tout bas dans sa barbe grise.

Ambroise Paré, dans la main,
Tient une pince à ligature
L'autre sur un plat porte un sein ;
Dans une très humble posture.

Un autre présente un trépan,
Un quatrième un lithotôme,
Garengeot une grosse dent ;
On y voit aussi frère Côme.

Quant au disciple prosterné,
Je ne pourrais, je vous le jure,
Vous dire quelle est sa figure :
Dans l'autre sens il est tourné.

Stephane Baron fit, avec son talent habituel, deux charmants petits tableaux (1) dont voici la légende :

Sorti de Cythère,
Un essaim d'amours
Un jour voulut faire
Quelques méchants tours.

Sur leurs blanches ailes
Portant le carquois,
Les petits rebelles
Courent à la fois

Au jardin Mabille,
Où gaiment sautait
La blonde Camille
Qui les attendait.

La jeune Lydie,
La brune Phryné,
L'ardente Cynthie
Et Leucothoé.

(1) L'*Amour blessé* et l'*Amour guéri*, reproduits en tête de ce volume.

Phalange amoureuse,
Toutes étaient là.
La bande joyeuse
Cria : « Les voilà. »

Et sous les charmilles,
Aidés par la nuit
Amours, jeunes filles,
S'éclipsent sans bruit.

Les pauvres enfants virent avec peine
Qu'il n'est point, hélas ! de plaisirs complets,
Et que le bonheur trop souvent amène
      De cuisants regrets.

Ils ont sur le front la triste auréole.
Sous un bandeau vert l'un avait caché
Son œil tout meurtri ; d'une roséole
      L'autre était taché.

Un petit amour, sur une béquille,
Traîne lentement son pas incertain
Son aile est brisée, et son pied vacille
      Le long du chemin.

Comment à Vénus raconter l'affaire ?
Comment expliquer un mal si subit ?
D'un air tout confus, à la tendre mère,
      Voici ce qu'on dit :

« De notre malheur apprenez la cause
Nous avons ainsi déchiré nos mains,
Pour avoir voulu cueillir une rose
      Chez ces gueux d'humains.

« Nous n'avons pas vu l'épine traîtresse
Qui se dérobait sous de blanches fleurs.
Ah ! secourez-nous dans notre détresse,
      Calmez nos douleurs. »

I.

Leur plainte toucha l'obligeant Mercure :
Il les fit entrer, et d'un air narquois,
Le dieu promit de guérir la piqûre
    De leurs petits doigts.

Mercure les a guéris, car les voilà qui sortent
de l'hôpital, frais, pimpants, l'œil en feu, comme
une bande d'écoliers faisant l'école buissonnière,
tout prêts à reprendre leur vie joyeuse.

On devine que le dialogue suivant a dû s'établir entre les trois personnages qui font le sujet
du tableau de M. Droz :

PREMIER APOTHICAIRE.

Tournez-vous donc, mademoiselle.
Hé ! pourquoi pousser tant d'hélas !

DEUXIÈME APOTHICAIRE.

Allons, ne soyons pas rebelle :
Dame Faculté n'attend pas...
Prenez mon petit apozème.

LA DEMOISELLE.

De grâce, tirez les rideaux !
Ah ! mon embarras est extrême,
Car je suis prise... entre deux eaux !

Le tableau de M. Hippolyte Fauvel est une page
touchante de la vie du médecin de campagne.

C'est le médecin du village,
Obscur, ignoré, méconnu ;
Le dévouement est son partage :
Quelqu'un souffrait : il est venu.

Il est nuit, et sur la campagne
La neige étend son blanc linceul,
Qu'importe! Un pâtre l'accompagne;
Les enfants l'attendent au seuil.

Il entre dans l'humble chaumière,
Pas de pain, souvent pas de lit!
Sur un grabat se tord la mère...
Il paraît, console et guérit.

Frère! salut à toi dont la modeste vie
Est un long sacrifice! à toi que l'on oublie,
Et qui trouves toujours dans le fond de ton cœur
Un courage éprouvé pour cet ingrat labeur!
Frère! salut à toi! Tu fus la Providence
Des pauvres ici-bas!... Là-haut ta récompense!

M. Feyen-Perrin, dans une composition pleine d'ampleur, a retracé un épisode de notre histoire contemporaine :

Quel est ce fier Romain (1) dont le visage austère
Inspire le respect? Pourquoi ce front sévère?
Quels sont autour de lui ces juges assemblés,
Et par quels noirs forfaits leurs cœurs sont-ils troublés?
Pour qui tous ces apprêts? Quelle fut la victime,
Et sur qui doit tomber le châtiment du crime?...
La victime?... elle est là... Voici le malfaiteur (2).
Ce cadavre a crié vengeance! et l'imposteur
Poursuivi par le fouet aux mains de la science (3),
S'enfuit, portant plus loin son aveugle ignorance.

(1) Velpeau.
(2) Vriès, le fameux *docteur noir* qui prétendait guérir les cancers.
(3) Ch. Fauvel, alors interne de Velpeau, tient le fouet vengeur.

Effronté bateleur, il va sur ses tréteaux
Hardiment préluder à des forfaits nouveaux.
Qu'importe la cravache à sa robuste épaule,
S'il peut dans la cité continuer son rôle :
Et qu'importe à son front une tache de plus
S'il tombe dans sa main une pile d'écus !
Quand finiras-tu donc, ô candide bêtise !
Tu fais un piédestal à qui te dévalise.
Il ne faut que savoir, ô pauvre humanité,
Tendre un appât trompeur à ta crédulité !
L'audace d'un coquin aisément te transporte,
Et tu mets bien souvent l'honnête homme à la porte !

En face de ce tableau, M. Guet a représenté la vraie science avec son imposant cortège. Le professeur (4) est entouré de ses élèves, il leur explique toutes les phases de la lutte qu'il a soutenue avec la maladie ; et ce cadavre, triste témoignage de notre faiblesse, sera pour eux encore une source féconde d'enseignement.

Quoi ! tu pensais, ô mort ! nous imposer ta loi,
Sans que l'homme essayât de lutter avec toi !
Tu croyais arracher du livre de la vie
Tour à tour les feuillets, sans qu'une main hardie
Réprimât tes efforts ! Tu gardais tes secrets :
Que t'importaient les pleurs, les stériles regrets,
Si, poursuivant toujours ton œuvre impitoyable,
Tu volais ! du destin messagère implacable !
Mais regarde ces fronts pâlis par les travaux ;
Vois ces ardents lutteurs disputant aux tombeaux
Les cadavres flétris par ton haleine impure !
La science, aujourd'hui, dédaignant ta souillure,
Et de sa pieuse main soulevant le linceul,
Va ravir tes secrets, même dans le cercueil !

(4) Bouillaud.

Les yeux aiment à se reposer sur des sujets moins sévères. Voici toute une galerie de paysages, ils sont dus à MM. Flahaut, Nason, Gassies, Harpignies, Achard, Français, tous enfants gâtés des Muses.

Je vous recommande la *Leçon d'herborisation* de M. Français.

Chacun de nous se souvient de ces longues promenades à travers champs, où, la boîte sur l'épaule, nous allions, comptant les étamines et les pétales, en compagnie de quelques amis, faisant retentir les bois que nous traversions du joyeux rire de nos vingt ans. Chères petites fleurs, utiles autant que modestes, vous vous associez à nos plus doux souvenirs.

> Temps heureux, qui fuyez trop vite,
> Où dans les prés on vous cueillait !
> Temps heureux où la marguerite
> Répondait à qui l'effeuillait !

Aux illusions dorées qui s'en vont une à une, succèdent les sombres préoccupations de l'avenir : devant le tableau de M. Français on les oublie pour retrouver, avec bonheur, le souvenir du passé.

Puis, avant de dire adieu à toutes ces richesses, à cette élégante débauche d'esprit et de talent, arrêtez-vous avec moi devant un tableau peint sur la porte même : il y règne quelque chose de mystérieux et de si touchant qu'on est pris à son insu d'une religieuse émotion. Chaque trait est une révélation de l'influence céleste qui l'inspira.

> Hamon peignit la Charité
> Sous les traits charmants de l'enfance,
> Et près de la douce Espérance,
> La Foi s'abrite à son côté.

Se souvenant encore qu'il était d'usage d'écrire sur les murs les noms de chaque pléiade d'internes, les Muses voulurent que, dans la salle de garde ainsi transformée, on vit les portraits de ceux qui les avaient si bien accueillies (1). Elles chargèrent de ce soin MM. Axenfeld, Peyen, Baron, Vernier, Guet, Foulongue, et je vous assure qu'ils se sont merveilleusement acquittés de leur tâche.

Moi qui n'ai pas fini la mienne, je m'arrête toutefois, après une ébauche assez incomplète. Je veux vous laisser le plaisir de juger par vous-mêmes, et de rendre hommage, comme moi, à l'amitié qui inspire et au talent qui enfante de telles œuvres.

Dr A. MOTET.

---

(1) Parmi ces médaillons, au nombre de soixante-deux, nous signalerons, du côté des chirurgiens, ceux de : Armand Després, Velpeau, Guyon, Depaul, Broca, Beauchet, Foucher, Richard, Follin, Dolbeau ; du côté des médecins : Bouillaud, Ch. Fauvel, Jules Simon, Dujardin-Beaumetz, Ball, Gubler, Delpech, Ch. Robin, Henri Roger, Briquet, Tardieu, Piorry et Charcot.

*
* *

LE CLOU

—

Un clou, c'est un volcan sous-cutané. — Le derme,
Tissu d'un caractère à la fois souple et ferme,
A souvent des accès de colère et d'humeur.
En un point mal placé l'indiscrète tumeur
Éclôt presque toujours ; tantôt, c'est au derrière,
Et tantôt sur le chef, position altière.
Pendant deux ou trois jours cela marche encor bien.
On se dit, à part soi : « C'est-z-une mouche, un rien ! »
Mais bientôt, par l'afflux du plasma qui chemine,
Le petit clou s'étend, rougit et s'acumine.
De sourds élancements révèlent ses progrès.
On s'irrite, on voudrait s'en débarrasser. Mais
L'art doit céder le pas aux lois de la nature,
Et cette tendre mère exige qu'un clou dure
Un septénaire au moins et deux au maximum,
Malgré l'onguent Canet, malgré le diachylum,
Malgré la fleur de riz, malgré les cataplasmes.
Tous les médicaments sont rêves et phantasmes.
La douleur s'accentue et le derme est en feu.
Le passif ganglion se met parfois du jeu.
Cependant, au sommet de la tumeur cuisante,
Le pus réuni forme une aire verdoyante
Où le bourbillon gît sous les tissus gonflés,
Triste et sordide amas de débris sphacélés !
L'humanité gémit, que l'art lui vienne en aide.
Entre deux doigts étreint, le clou pâlit ; il cède,
Et soudain, s'échappant comme des écoliers,
Le pus, le bourbillon, jaillissent les premiers ;
Puis des vaisseaux rompus un sang vicié coule,
Comme l'ardente lave aux flancs du volcan roule
Le cratère est béant ; mais ses contours à pic
Vont s'unir, protégés par l'emplâtre au mastic,
Et l'inflammation, abandonnant la place,
Reparaîtra bientôt sur l'humaine carcasse.

Dr GEORGES CAMUSET.

*
* *

QUELQUES COMBLES

— *Le comble de la stupéfaction pour une sage femme :* Voir sa chambre à coucher.

— *Le comble de la fécondité :* Concevoir des inquiétudes et engendrer la mélancolie.

— *Le comble de la satisfaction pour un professeur :* S'apercevoir qu'une maladie d'entrailles suit son cours.

— *Le comble de la vaccination :* Vacciner le petit bras de la Seine.

— *Le comble de l'hydrologie :* Faire sortir de l'eau d'une pompe funèbre.

— *Deux combles de zèle chez un sergent de ville :* Vouloir faire circuler le sang et disperser un embarras gastrique.

*
* *

UN MÉDECIN CONSCIENCIEUX

Plusieurs de mes collègues, grands amateurs de gais propos, dinaient chez moi, et, tout en mangeant, on racontait maintes histoires plaisantes : « Cecchino, médecin à Arezzo, dit l'un d'eux en

souriant, fut un jour appelé au chevet d'une belle
jeune fille qui s'était, en dansant, luxé le genou.
Pour le remettre, il lui fallut manier assez longuement la jambe et la cuisse fort blanche et
fort douce, ma foi, de la jeune personne, si bien
que *erecta est mentula majorem in modum*. Il se
releva en soupirant, et comme la malade lui demandait ce qu'elle lui devait pour ses soins :
« Rien du tout », répondit-il. — « Et pourquoi
cela? » dit-elle. — « Nous sommes quittes. Je
vous ai redressé un membre et vous m'avez
rendu la pareille. »

Pogge (Les Facéties.)

LE BON DOCTEUR

J'ai pour guérir des recettes certaines,
Me dit à Reims un docteur plein d'esprit ;
Chaque ordonnance est un joyeux récit.
On souffre moins du moment que l'on rit.
Je vous apporte un remède aux migraines.

« Jean, de Marfaut, honnête vigneron,
Vint un matin me chercher pour sa fille
En mal d'enfant. J'y cours, et la famille
Comptait de plus le soir un gros garçon.
« Oh! qu'il est beau ! s'écriait le grand-père.
« Parbleu ! docteur, vous serez le parrain.
« C'est un amour ; le baptême à demain.
« Mais il est tard ; allons au presbytère,
« Vous aurez là bon lit et souper fin. »

A ces raisons je me rendis sans peine.
Le bon curé, chez lequel Jean me mène,
Est jeune encore. Il m'offrit sa maison.
« Je n'ai qu'un lit, dit-il, mais il est bon ;
« Vous en aurez la moitié, comme un frère.
« Soupons d'abord. » Lors à sa ménagère,
« Fille jolie, à l'œil un peu fripon :
« Manon, ce soir, c'est un ami qu'on fête ;
« Vin d'archevêque et ragoûts délicats. »

« Une heure après, dans un gai tête-à-tête,
Le verre en main, ainsi que deux prélats,
Nous rendions grâce à Dieu d'un bon repas.
Le souper fait, content de ma journée,
Prés du pasteur je pris ma part du lit,
Et dos à dos chaque ami s'endormit.

« Quand le bouvier, les pieds dans la rosée,
Vint sous la cure avertir le troupeau
D'aller aux champs, le curé de Marfaut,
Que le corneur de son sommeil arrache,
D'un coup de pied m'éveillant en sursaut :
« Manon, dit-il, va donc lâcher ta vache ! »

Comte DE CHEVIGNÉ. (*Les Contes rémois.*)

*
* *

LA GOUTTE

Monsieur le maréchal de *** était un de ces hommes que le monde désigne par le nom d'hommes de plaisir. Il avait conservé, jusque dans la vieillesse, les habitudes qu'il avait prises étant jeune : il arriva qu'un jour, étant au lit, le d cde *** vint le voir et entra familièrement dans sa chambre, parce qu'on lui avait dit qu'il était dans les douleurs d'un accès de goutte. Le duc, après les compliments ordinaires, s'assied et entre en conversation; mais bientôt remarquant que les rideaux étaient fermés soigneusement, les couvertures relevées et le maréchal un peu embarrassé, il soupçonna que celui-ci n'était pas seul, et il n'en put plus douter lorsqu'il aperçut sous le lit un soulier de femme.

— Je vois avec plaisir, lui dit-il alors, que vous n'êtes pas dans l'état où l'on m'avait dit que vous étiez

— Je suis, répondit le maréchal, prodigieusement tourmenté dans les pieds.

— Parbleu, je n'en suis point surpris, puisque vous vous servez de chaussures aussi étroites, répliqua le duc, en lui montrant le soulier qu'il avait découvert.

Le maréchal ne put s'empêcher de rire, et, renonçant à toute réserve, il dit au duc:

— Vous avez raison, je m'en procurerai une autre paire.

*
* *

LE MÉDECIN

—

Vous souvient-il comme Molière
Se raillait des Diafoirus?
Ils sont morts, les savants en *us !*
Est-ce que nous ne rirons plus?
Baste! le ridicule est féconde matière.

A Saint-Sernin sur le Dadou,
Ou bien ailleurs, il n'importe où,
Philibert soignait les coliques,
Les catarrhes, les sciatiques,
Les rhumes, les chauds et les froids.
Médicaments à la douzaine !
Pour la plus petite migraine
Il vous ordonnait à la fois
Herbes, sirops, fleurs et racines,
Paquets par-ci, flacons par-là,
Adoucissants et quinquina,
Et toniques, et médecines.
Je crois même, pour votre bien,
Si le remède eût pu descendre,
Qu'avec la pharmacie il vous aurait fait prendre
Aussi Monsieur le pharmacien.
Tout docteur opère à sa mode.
J'aime encore mieux cette méthode
Que celle de don Sangrado,
Qui vous tirait le sang et qui vous gorgeait d'eau.
« Signor, aurais-je dit en repoussant le seau,
« Je ne suis pas une rivière. »
Philibert guérissait et tuait tout autant ;
Mais on mourait presque content
Si l'on mourait d'après son formulaire.
Ah ! quel heureux métier pourtant !
L'on vous obéit sans murmure,
Et vous êtes payé, bonne ou mauvaise fin :
Guérit-on ? c'est le médecin.
Trépasse-t-on ? c'est la nature.
Mais Philibert avait le cœur trop à son art :
Il faisait tout par poids et par mesure,
Ne se couchant ni trop tôt, ni trop tard,
Et consultant avant que de conclure.
A sa femme il tâtait le pouls :
— « Mignonne, disait-il, dormir est nécessaire. »
Lui-même s'auscultait : — « Voyons combien de coups
« Bat aujourd'hui ma propre artère. »
Et pour malaises, et pour toux,
Il condamnait l'amour à diète sévère.

Léontine se dépitait,
Et, tout bas, en veillant, pestait
Contre les médecins et contre leur science :
        — « Seigneur Dieu ! quelle sotte engeance !
« Ils vous feraient suer en plein été !
        Je te promets, ô Faculté !
        « De déchirer ton ordonnance. »

    Il n'est pas plus de femme sans cousin
Que de mouton sans laine et que d'enfant sans père,
Et c'est pour lui souvent que cuit le meilleur pain
        Quand il va chez la boulangère.
        Le nôtre s'appelait Milon.
        C'était un joli papillon,
Ardent comme une flamme et fin comme une mouche,
Léontine n'avait pas entr'ouvert la bouche,
        Ni regardé de son côté,
        Qu'en affût il s'était posté.
L'un voulait attraper, l'autre se laisser prendre :
        Il était aisé de s'entendre !
Mais comment crever l'œil à Monsieur le docteur ?
        Bah ! l'Amour est un inventeur
Breveté mille fois pour ses bons stratagèmes ;
        Il a des tours de tous systèmes,
Et c'est du monde entier l'éternel fournisseur.

Minuit dans le clocher sonnait sa douzième heure.
        Un homme frappe à la demeure
        Du médecin… — « De grâce, ouvrez !
        « Si vous tardez d'une seconde,
        « Ma femme tombe en l'autre monde.
        « Monsieur le docteur, accourez ! »
        Vite, Philibert s'embraguette ;
        Il met son gilet à l'envers,
        Et son bonnet pour sa casquette,
        Et tous deux partent à travers
        Les coteaux, les vallons, la plaine.
        Mais Philibert posait à peine
        Le pied dehors que le cousin
        Entrait voir chez le médecin

Si sa femme était bien portante.
Il la soigna Dieu sait comment !
Et Madame fut fort contente,
M'assure-t-on, du traitement.

Que dites-vous de cette ruse ?
O maris, comme on vous abuse !
Or, le trait se renouvela
Plus de vingt fois dans une année.
Et vingt fois on recommença
Quand celle-ci fut terminée.
D'où je conclus, car un auteur
Ne se peut dispenser d'un morceau de morale,
Qu'un savant est un sot coucheur,
Qu'il devrait dormir seul ou près d'une vestale.

A. SAULIÈRE. (*Les Leçons conjugales.*) (1)

* *

A BOIRE ! A BOIRE !

Deux ivrognes avaient encore soif, et vu l'heure avancée de la nuit, tous les cabarets étaient fermés.

Ils erraient dans les rues comme deux âmes un peu chargées, maudissant les règlements de police, quand la boutique d'un pharmacien s'ouvrit pour un cas pressant. Nos gaillards s'y ruèrent, et tombant lourdement sur des chaises :

— Donnez-nous quelque chose à boire ! dirent-ils au maître du logis stupéfait.

(1) E. Dentu, éditeur.

Celui-ci les pria poliment de sortir, leur représentant qu'il ne tenait pas un café, mais bien le vestibule du temple d'Esculape.

— A boire! répétaient nos deux ivrognes.

Ils restaient impassibles sur leurs sièges.

— Mais je n'ai rien à vous donner, messieurs! criait le pauvre pharmacien, quand soudain, perdant patience :

— Voulez-vous chacun un clystère?

— Pourquoi pas? ça nous rafraîchira, dit le plus philosophe des deux buveurs.

Et le pharmacien, pris au mot, dut s'exécuter pour se débarrasser de ses deux singuliers clients. A la sortie, l'un deux paya fort honnêtement, et la porte se referma sur eux.

— Combien as-tu donné? lui dit son camarade.

— Vingt-trois sous.

— Vingt-trois sous!... vingt-trois sous!... grommela l'autre en tentant de reprendre le fil de ses pensées. Mais deux lavements ne peuvent jamais faire vingt-trois sous?

Puis tout à coup, comme éclairé d'une idée subite :

— Tu as donc pris un petit pain?

***

ATTENTION !

Voici bien une autre affaire,
O transmissibilité !

La syphilis secondaire,
Qui jamais s'en fut douté?
Par la gente pédiculaire
Se propage à volonté!
Aux étreintes amoureuses,
Aux lancettes vénéneuses,
Il faut ajouter... merci!
Larves et pediculi,
Plus les puces travailleuses!
Où donc trouver un abri
A tant de causes diverses,
Si, hors du sentier maudit
Où Cupidon nous sourit
Le virus pleut par averses?
Adieu la sécurité,
Au diable l'immunité,
Foin de la prophylaxie!
Car rien ne peut garantir
Même en dehors du plaisir,
D'un acarus en furie,
Au spectacle, au boulevard,
En ville, à la promenade,
A l'église, à l'alcazar,
En plein champ, en pleine rade,
Mettez-vous en garde, car
En tous lieux, par pur hasard,
D'un parasite qui vole
Vous pouvez trouver le dard
Inoculant la vérole.
Cela peut paraître drôle
Et sentir son vieux canard;
Mais, ô lecteur bénévole,
C'est la vérité sans fard
Et sans plaisante hyperbole,
Arrivant hier, sans retard
De Lyon, la docte école.
Or, sus, vous qui sans façon
Riez de tout, intrépides,
Gare aux atteintes perfides
De ce dangereux poison.

Réfléchissez, je vous prie,
A l'insecte cauteleux
Qui de sa bave ennemie,
Peut inonder vos deux yeux.
Quant à moi je le défie ;
Savez-vous comment ? D'abord
Dans mon manteau je replie
Ma face, et j'ouvre bien fort
Le doctrinal parapluie
Préconisé par Ricord.

Dr J. TENOT.

*
* *

ÉCHO D'EXAMEN

LE PROFESSEUR, *en présentant un fémur au candidat.* — Veuillez me dire quel est cet os?

L'ÉLÈVE, *après avoir tourné et retourné l'os dans tous les sens, répond avec assurance* : « Monsieur, ceci est un os de mort ! »

*
* *

INFIRMITÉ SIMULÉE

CONTE

—

Un seul lit pour deux voyageurs,
Dont un aime la solitude,
Et pas moyen d'aller ailleurs,
Car l'hôtel est le seul du pays. — Beau prélude !
On fait ce que l'on peut, me diront quelques sots.
Non pas toujours ce qu'on veut faire.

Je ne connais rien de plus faux
Que cet adage populaire.

Le coucheur désireux de rester seul au lit
        Un instant d'abord réfléchit,
Puis, d'un air souriant et rempli de franchise,
        S'en vint dire à son compagnon :
— Voulez-vous relever le pan de ma chemise.
Et me l'attacher là, plus haut, un peu plus. Bon !
Merci bien !
                — Dites-moi par quelle fantaisie...,
— Eh ! mon Dieu ! c'est tout simple : il m'arrive souvent
De ne pouvoir, la nuit, résister à l'envie
        Que vous savez, et, naturellement,
        Ma chemise alors est salie.
Or, je n'en ai plus qu'une... — Ah ! c'est triste vraiment.
Je vous plains. Mais tenez ! pour dormir plus à l'aise,
Gardez le lit pour vous ; je puis parfaitement
        Passer la nuit sur une chaise.

Frère JEAN.

*
* *

RICORDIANA

—

C'était pendant l'hiver de... il gelait à *pierre
fendre*. Ricord descendit de voiture pour satisfaire à un besoin pressant. A peine était-il installé dans un rambuteau, le seul à cent mètres à
la ronde, qu'un monsieur vint se placer à côté
pour attendre son tour.

Et Ricord n'en finissait pas, ou du moins,
sous l'influence du froid, la vessie ne se vidait
que lentement et avec peine.

— Mais dépêchez-vous donc, monsieur, je vais... mouiller ma culotte.

— Vous êtes donc bien pressé. Un peu de patience, s'il vous plaît...

— Décidément, monsieur, vous êtes malade ; je vous engage à aller voir Ricord.

-- Ricord... mais c'est moi Ricord.

Et il partit en laissant son interlocuteur tout étourdi.

*
* *

Un vieux monsieur, âgé de quatre-vingt-deux ans, est introduit dans le cabinet du docteur Ricord.

Il s'incline, d'un air un peu embarrassé.

Le docteur, avec un profond salut :

— Et d'abord, tous mes compliments !

*
* *

L'APOTHICAIRE

—

Certaine dame à la place Saint-Marc
Voyant passer certain Pharmacopole,
Il lui parût bon tireur de cet arc,
Dont l'arc d'amour n'est rien que le symbole.
J'ai, lui dit-elle, un mal qui me désole,
Si je ne prends remède dans le jour.
Chez moi bientôt apportez un clystère.
Pas ne faillit le gent apothicaire
Au rendez-vous qu'il ne croyait d'amour.
Là, sur son lit s'étend la Sénatrice
En attitude opposée au service

Que rend son art : de quoi lui s'étonna.
Mais elle dit : je reçois mon remède
Ainsi toujours. A ses ordres il cède,
Bien les comprit, et très-bien le donna ;
Car cet autre art de leçon besoin n'a.
Puis, que vends-tu le remède, dit-elle,
En le portant ? Demi-ducat chacun.
Demi-ducat ! c'est une bagatelle ;
Prends le ducat, et m'en donne encore un.

DE GRÉCOURT.

EN COUR D'ASSISES

—

— Accusé, quel mobile vous a poussé à frapper votre femme de dix-sept coups de couteau ?

— Mon président, c'était pour son bien. La pauvre femme était anémique, et les médecins disaient qu'il n'y avait que le fer pour la guérir !...

L'ARÊTE DE POISSON

—

Il y avoit ces jours passez une damoiselle de grande maison qui estoit en danger de mort à cause d'une areste de poisson qu'elle avoit en la gorge, laquelle tous les médecins ne leurs remèdes n'avoient pu mettre dehors, ne faire avaler, ne pourrir, soit en faisant avaler à cette pauvre fille un morceau de pain molet, ou une figue sèche un peu maschée, ou la faire vomir avec un porreau huilé, ou lui jetant dans le nez un sternutatoire, ou lui procurant la toux avec choses aigres.

Les médecins de tous les pays estant hors de leur catholicon et cabale, dirent aux parens qu'il falloit laisser faire à nature et au vouloir de Dieu. Nonobstant cela, l'oncle de la fille s'advisa d'appeler un médecin d'assez loing qui se nommoit messire Grillo, après avoir enchanté par charmes les arestes et les petits os arrestés dedans le gaviou et en la gueule, selon que Aétius excellent médecin l'a écrit et pratiqué.

Ce messire Grillo avoit un grand bruit dans toute la contrée et voicy comment :

Il avoit une estude secrette bien près de la porte de sa maison, et par un petit trou voyoit venir ceux qui lui apportoient des urines : et estant entrez en la court, sa femme bien instruite, se venoit assoir près de l'estude, disant au porteur d'urine que son mary ne demeureroit guère à venir, elle l'interrogeoit du jour de la maladie, en quelle partie du corps étoit le mal, et conséquemment de tous les effets et signes. Le médecin escoutoit tout par le trou de son estude et sortant par la porte de derrière, entrait par le devant, ayant regardé l'urine, il faisoit le discours de la maladie comme il l'avoit entendu ; le porteur d'urine estant de retour

contoit comme le médecin avoit cognu toute la
maladie.

Or, ce messire Grillo, ayant ainsi acquis ce
bruit, arrivé qu'il fust, alla visiter la pauvre malade qui n'en pouvoit plus; ayant entendu son
mal, l'asseura que ce n'étoit rien, et que s'il eust
esté appelé plus tost, qu'il y a longtemps qu'elle
ne fust pas là et que les médecins qui l'avoient
traictée n'y entendoient rien et si n'estoient
qu'asnes; il va sur l'heure demander du beurre
frais et de ce beurre, sans autre mystère, va
oindre et gresser toutes les parties basses de
ceste pauvre fille, qui estant près de la mort et
ne demandant que sa santé se laisse aisément
manier et gresser là où le médecin vouloit, mais
elle, voyant que le médecin ne faisoit autre
chose que de la frotter où elle n'avoit point de
mal, se print si fort à rire de la récepte et de la
sottise du médecin qu'elle mit et jetta l'areste
hors de la gorge, dont elle fut incontinent
guérie.

Les uns estimoient que ce n'estoit pas le ris
qui estoit la principale cause de la guérison,
mais que l'assurance que messire Grillo avoit
donnée à ceste fille, ayant si bien fortifié la nature já affaiblie, qu'elle fut assez forte pour chasser le mal et l'areste qui en estoit cause; les autres disoient que le beurre pouvoit bien avoir
guéry ceste fille, à cause de quelque vertu obscure et latente, ou bien à cause d'une similitude
et semblance du beurre à l'areste du poisson.

Quoy qu'il en soit ceste onction ayant si bien succédé (1) à messire Grillo, il en fut estimé savant et expert, tellement qu'il estoit appelé à toutes maladies, principalement des femmes et des filles, auxquelles il ne faisoit que gresser leur je ne sais comment et leur derrière de beurre frais.

GUILLAUME BOUCHER.

* *

LA SAISON DES EAUX (2)

LES MÉDECINS INSPECTEURS, LES MÉDECINS CONSULTANTS

—

AIR de la *Lorette*, de NADAUD.

Chaque docteur recevra leur visite;
C'est un impôt, il faut le supporter.
Perte de temps se répare bien vite.
Pour quelques-uns vous aurez à dîner.
  A leur campagne
  Buvons Champagne,
Vins de Bourgogne et puis Château-Margaux.
  Très chers frères,
  Choquons nos verres
A vos succès auprès des buveurs d'eaux.

(1) Réussi.
(2) Chantée au banquet de la Société médico-chirurgicale des Hôpitaux de Bordeaux, le 18 mars 1867.

Si vous avez là-bas, sous votre égide,
Cert'in client qui s'affolle de vous ;
Si, par nos soins, il vous a pris pour guide,
Soyez prudent en lui parlant de nous.
   C'est ridicule,
   On est crédule,
Et, quand on souffre, on voudrait tant guérir !
   Il pourrait croire
   A votre histoire,
Et puis chez nous ne jamais revenir.

Je le sais bien, votre arsenal immense
Peut réparer tous les maux d'ici-bas,
Et dans vos mains vous avez la puissance
De faire encor quand nous ne faisons pas.
   Eaux merveilleuses,
   Prodigieuses,
Dont vous jouez avec tant de bonheur !
   Grand bain de cuve,
   Ou bain d'étuve,
Vous avez tout pour calmer la douleur.

Tout est blanchi par vos eaux de cocagne,
Tout doit céder à la thermalité.
Qu'on aille en Suisse, en France, en Allemagne,
Partout vos eaux sont une vérité.
   La dyspepsie,
   La gastralgie,
Les estomacs devenus paresseux ;
   La cuisse étique
   Par la sciatique,
Et puis les tics surnommés *douloureux ;*

Rien ne résiste au bout de trois semaines,
Et vingt-cinq jours est le terme fatal.
Si par hasard vous avez des migraines,
Trois jours de plus font passer votre mal.
   On voit l'enflure,
   La courbature,
Le mal aux yeux, l'engorgement des seins ;

          Pertes diurnes,
          Pertes nocturnes,
S'éliminer et fluer par les reins.

Le gros mangeur que gêne sa bedaine,
A Kissingen va dégraisser sa peau ;
Il est barrique au moment qu'on l'entraîne.
Après la cure, il est passé tonneau.
          Les Pyrénées
          Sont destinées
Aux affections du paltot cutané ;
          Sans qu'on en souffre,
          Là, par le soufre,
Le derme ancien est de nouveau tanné.

Séjour heureux des monts et des cascades !
J'ai vu par toi s'éloigner les chagrins ;
J'ai vu bien mieux, comme des camarades,
J'ai vu chez toi vivre les médecins.
          Tuberculose,
          Et toi chlorose
Qui fait pâlir le minois féminin ;
          Femmes pleureuses,
          Et vaporeuses,
Allez aux eaux colorer votre teint.

Les essoufflés cultivent le Mont-Dore,
On y refait le jeu de son poumon ;
Par l'arsenic bientôt il expectore
De son tissu ce qui restait de bon.
          A la famine,
          On la débine,
Opposons Bade à l'infâme tripot.
          Pour vous refaire,
          Et vous défaire,
Là, la fortune a son vaste entrepôt.

Ceux qu'ont réduit les grands vins de Bourgogne,
La truffe noire au parfum enivrant ;
Ceux dont la marche en passant vous étonne,

Et vont tomber sans doute au premier vent ;
    Ceux dont l'absinthe
    A glauque teinte
A convulsé les muscles rabougris ;
    Ceux que Cythère,
    Et son mystère,
Bien avant l'âge ont fait déjà tout gris ;

Tous ces vaincus des voluptés mondaines
Sont pour Plombières et pour vos hauts-fourneaux
Guérissez-les, ils vont là par centaines ;
Guérissez-les pour l'honneur de vos eaux.
    Beaucoup de gloire
    Peu de déboire,
Que le succès vous fasse tous heureux !
    Et que ruisselle
    Votre escarcelle
Sous l'or bien pur des clients généreux !

Chers inspecteurs de nos sources thermales,
Et consultants qui glanez auprès d'eux,
Il faut, hélas ! recommencer vos malles,
A vos griffons adresser vos adieux.
    Partout la neige
    Reprend son siège,
Les pics glacés vont encor reblanchir.
    Tout devient sombre
    Et fuit dans l'ombre ;
On le voit trop, l'hiver va revenir.

Dr Musculus.

*
* *

HEUREUSE MALADIE

—

Un vieux paysan très avare, comme la plupart
des villageois, apprend la mort de son médecin,

à qui il avait prêté de l'argent, et qui, disait-on, ne laissait que des dettes.

— Hein ! dit-il à sa femme, si je n'avais pas eu la chance d'avoir une fluxion de poitrine, il y a deux mois, mon pauvre argent était flambé.

*
* *

LE PLACET

—

CONTE

Du temps qu'il se trouvait en France
Des magistrats un peu galants,
Un intendant à l'audience,
Promenait ses regards parmi ses suppliants,
Et recevait leurs vœux d'un grand air d'importance.
. . . .
Il avise en un coin, dans une humble posture,
Une petite créature,
Tenant un placet à la main.

Elle a seize ans ; teint de lis et de rose :
Elle a sans doute une bien bonne cause.
Approchez, belle enfant, monseigneur est humain ;
Aux opprimés il fut toujours propice ;
Ah ! sûrement il vous rendra justice.
Monseigneur, en effet, la voit d'un œil bénin,
Et lui dit d'une voix discrette :
Petite, à mon lever, vous reviendrez demain.
Elle s'en va très satisfaite.
Toute la nuit, aux yeux de sa grandeur,
Viennent s'offrir les appas de la belle :

Quelle taille ! quels yeux ! quelle aimable pudeur !
Je m'y connais ; elle est pucelle.
Nous cueillerons demain cette rose nouvelle,

Ou nous aurons bien du malheur,
La nuit se passe ; enfin l'heure du lever sonne :
Monsieur Dumont, garçon intelligent,
A Monseigneur apporte un restaurant,
Puis fait entrer la petite personne.
Eh ! bonjour, mon cher ange ! allons, mettes-vous là.
— Monseigneur, pardonnez... le placet que voilà.

— Nous avons tout le temps : approchez donc, vous dis-
En vérité, vous êtes un prodige.   [je.
De cette peau que j'aime la douceur !
Que cette bouche a de fraîcheur !
Je n'ai rien vu de si beau, je l'avoue.
Et de baiser chaque chose qu'il loue :
Et de son sein louer fort la blancheur.

— Mais monseigneur, mais, monseigneur.....
— Eh ! ne soyez pas si honteuse,
Ma petite, écoutez, je veux vous rendre heureuse,
Mais il faut aussi me rendre heureux.
M'entendez-vous ? — Non monseigneur. — Tant
C'est-à-dire qu'il faut... qu'il faut me laisser faire. [mieux.
— Que faites-vous ? Attendez....., écoutez.....
« Je suis malade ; j'ai... » — Que m'importe, ma chère,
Ah ! c'est en vain que vous me résistez.
Ce fut en vain ; la rose désirée
Fut arrachée en un moment,
On était surpris cependant
Que d'aucune épine entourée,
Elle eût cédé trop aisément.
Le placet va bientôt dévoiler ce mystère :
Ouvrez donc ce placet, monseigneur l'intendant.

Il l'ouvre ; il voit : « Madeleine Bellaire
« Ose prier votre grandeur,
« De vouloir la soustraire aux injustes poursuites
« Du chirurgien Le Vasseur,
« Qui demande cent francs pour cinq ou six visites,
« Tisane, *et cætera*, qui n'ont pu la guérir. »
Serait-ce vous ? — Et oui, pour vous servir.

— Comment, coquine ! — Eh quoi, vous êtes en colère ?
    Ma faute est-elle volontaire ?
    J'ai refusé d'y consentir,
    Je disais, pour vous avertir :

« Je suis malade, j'ai... » La chose était bien claire.
    Et puis de voir mon placet tout d'abord,
      Vous auriez dû prendre la peine.
      Elle avait raison, Madeleine,
      Et monseigneur, sentant son tort,
Promit qu'à l'avenir, crainte d'erreurs nouvelles,
Il lirait les placets, surtout ceux des pucelles.

ALEXIS PIRON.

*
* *

VOL AU MALADE

—

M. C***, atteint de la petite vérole, transpirait abondamment entre trois couvertures de laine et un lit de plume, selon l'ordre formel de son médecin. Entre dans sa chambre un particulier convenablement vêtu qui lui dit avec la plus exquise politesse :

— Monsieur, ne remuez pas, je vous en prie, je sais que le moindre mouvement pourrait vous être mortel : dites-moi vite où sont vos bijoux et votre argent.

— Comment ! mes bijoux et mon argent ? Malheureux !...

— Ne remuez pas ! Au nom de votre santé, ne remuez pas ! Vous n'ignorez pas combien cette maladie est dangereuse...

— Sortez, ou j'appelle !

— N'en faites rien ! j'ouvrirais la fenêtre toute grande : un courant d'air vous tuerait ou, tout au moins, vous enlaidirait considérablement..... Ah ! voici votre montre ; très bien. Et l'argent ?

— Misérable !

— Ne remuez donc pas ! ou gare le vent ! Eh bien, ce magot ?

— Là, dans ce secrétaire ! murmure le pauvre malade, qui voit son homme poser la main sur l'espagnolette.

— Très bien, vous êtes raisonnable. J'aurais été désolé d'aggraver votre état. Adieu, monsieur, je vous souhaite une prompte guérison.

Et, là-dessus, l'ingénieux grinche, muni de son butin, s'esquive lestement.

(L'Esprit de tout le monde.)

** **

L'OCULISTE

Je suis un oculiste habile.
Mais je dois mon malheur à l'étude des yeux ;
L'espérance d'en sauver deux
M'en a fait crever plus de mille.
Je pleure ceux que j'ai sauvés,
Et non pas ceux que j'ai crevés.
J'aimais, j'étais aimé : c'en est assez sans doute ;
Mais l'objet que j'aimais, que je hais aujourd'hui,

Ressemblait à l'amour, était fait comme lui,
      Et comme lui n'y voyait goutte.
Ses beaux yeux confondaient le jour avec la nuit ;
Un voile intérieur baissé sur sa prunelle
Ne rendait pas ma belle à tous les yeux moins belle ;
      On l'aimait sans qu'elle le vît ;
Elle ne le savait que quand on l'avait dit
Le langage des yeux était muet pour elle.
Le ciel, de tous nos biens dispensateur exact,
Au lieu de deux bons yeux avait daigné lui faire
Le don d'un esprit net, d'une mémoire claire,
D'une oreille très fine, et surtout d'un bon tact.
Ce fut là ma ressource auprès de ma maîtresse ;
Quand on sait plaire au tact, le reste suit de près.
      Bientôt, soit force, soit adresse,
      Elle comprit que je l'aimais.
Une aveugle qu'on aime aurait tort d'être fière ;
Sur la mienne j'obtins une victoire entière ;
L'amour sur tous ses sens étendit son pouvoir :
Tout m'adorait en elle, et tout disait j'adore :
      Ses yeux seuls ignoraient encore
      L'art d'aimer comme l'art de voir.
      Des yeux l'amour fait grand usage ;
On sait, lorsque l'on est ou que l'on fut amant,
      Qu'ils font la moitié de l'ouvrage ;
Mais, belles, convenez que l'on s'en dédommage
Par mille petits riens qui parlent clairement :
Des mots qu'on entrecoupe, un son de voix qu'on baisse,
Un soupir qu'à propos on pousse en vous parlant,
Une main qu'on vous serre, un genou qu'on vous presse,
Un timide baiser qu'on donne et qui se rend,
Valent bien ces regards que l'on nous vante tant ;
L'amour aux yeux bandés vaut l'amour clairvoyant.
L'amour est un trésor ; mais dans sa douce ivresse,
      Le cœur n'est content qu'à demi :
      C'est beaucoup d'avoir sa maîtresse,
      Mais il faut encore un ami.
      J'en avais un beau, jeune et sage :
      Nous avions même état, même âge,
      Son cœur et le mien n'étaient qu'un :

Nous recevions du sort volage
Nos biens et nos maux en commun.
Ses goûts étaient les miens ; ma gloire était la sienne ;
Il était mon conseil, et je me trouvais mieux
De sa raison que de la mienne.
En amitié quoiqu'il survienne,
S'il faut délibérer, au lieu d'un l'on est deux ; [yeux.
Fort souvent, pour bien voir, il faut plus de deux
« Ami, lui dis-je un jour, je voudrais pour ma femme
Prendre l'aveugle objet de mon aveugle flamme ;
Mais je suis combattu : dis-moi, ferai-je bien ?
Pourquoi non ? puisqu'elle t'adore.
Ami, le cœur est tout, et les yeux ne sont rien ;
S'ils servent quelquefois, ils nuisent plus encore.
— Moi j'ignore si c'est par raison ou par air,
Mais je désirerais que ma femme vit clair.
— Pour moi ce n'est pas mon système ;
Pourvu qu'on soit aimé, qu'importe qu'on soit vu ?
Et dans un bon auteur j'ai lu
Qu'en mariage il est d'une prudence extrême
D'épouser une aveugle ou de l'être soi-même. »
Il me donnait un bon avis ;
Mais souvent d'un mauvais on ne peut se défendre.
Au bout de quelque temps je dis :
Si quelqu'un à ma place allait un jour se rendre,
Ma femme pourrait s'y méprendre
Faute de cet utile sens
Qui sert à distinguer les époux des amans.
Je connais ma femme, elle est tendre ;
Et tant que son époux lui serait inconnu,
Elle pourrait l'aimer dans le premier venu.
Pour éviter le cocuage,
Je prétends donc que ma moitié
M'apporte, avec son amitié,
Un œil ou deux en mariage.
Il faut des yeux dans un ménage ;
Il aut des yeux, sans doute, et ma femme en aura.
Dites-en, mon ami, tout ce qu'il vous plaira.
Oui, trop aimable enfant, le Ciel m'était propice ;
Même en te refusant le jour ;

Il fermait tes beaux yeux pour que je les ouvrisse ;
Tes yeux ne devaient être ouverts que par l'amour :
Après vingt ans de nuit ils verront la lumière ;
Demain tu jouiras d'un nouveau sentiment ;
Les rayons du matin frapperont ta paupière ;
Le jour naîtra pour toi des mains de ton amant.
Le cœur plein d'espérance, et de crainte et de zèle,
  J'essayai dès le lendemain.
On eut dit que l'amour sur les yeux de la belle
  De sa main conduisait ma main.
Le tissu délicat de sa faible prunelle,
  Se sentit agité soudain
  D'une vibration nouvelle :
Pour la première fois de la voûte éternelle
La lumière descend dans ses yeux éperdus.
Il s'ouvre dans son âme une porte de plus ;
  Un nouveau monde naît pour elle.
Elle me voit, me fixe, et jette un cri d'horreur,
Puis lorgne mon ami : « Qu'est donc ceci ? lui dis-je :
  Me fuirais-tu ? Par quel prodige,
En te donnant des yeux, ai-je perdu ton cœur ?
  Quand tu reçois un nouvel être,
  Devais-je en attendre ce prix ?
Ah ! si je ne puis plaire à des yeux que j'ouvris,
Ton oreille du moins devrait me reconnaître. »
  Elle ne répond qu'à demi,
  Et lorgne toujours mon ami.
  « Non, non, je vois bien ta méprise ;
  C'est moi que ton œil cherche en lui.
Je suis, répondit-elle, également surprise
  D'entendre et de voir aujourd'hui.
  Il est des traits que dans mon âme,
Avant d'ouvrir mes yeux, l'amour avait gravés :
Ils faisaient mon bonheur, ils nourrissaient ma flamme,
  Mon cœur les a bien conservés.
Cette image si chère à mon âme charmée,
  C'est en lui seul que je la vois ;
  Et c'est de vous que vient la voix
  Qui m'apprit que j'étais aimée.
— Mais tu me répondais… mais tu m'embrassais… Mais…

— Pardonnez, une aveugle a bien droit de confondre ;
Quand je vous répondais je croyais lui répondre.
Ah ! vous pouvez lui dire à quel point je l'aimais.
        — Mais ne m'es-tu pas fiancée ?
— Je le suis à quelqu'un. C'est un fait bien certain.
        Mais, quand je vous donnais la main,
A lui je me donnais au fond de ma pensée. »
L'infidèle soutient son dire *mordicus*,
Ainsi qu'on le soutient d'ordinaire aux cocus.
Puis après elle ajoute, avec un air honnête :
« Entre vous deux, messieurs, je dois prendre un parti,
        Et ne puis prendre qu'un mari ;
Ainsi pour lui ma main avec mon cœur est prête,
Je la dois à lui seul, s'il la veut recevoir ;
Quant à vous, je vous dois le bonheur de le voir ;
Comme un ami commun vous serez de la fête.
        Je l'aimais en vous ; aujourd'hui
        Je vais vous épouser en lui. »
Les cornes à ces mots me viennent à la tête.

Je sors de la maison, et je cours en tous lieux
Pour fuir, ou pour crever, si je puis, tous les yeux.

        Les malheurs du bon oculiste,
        Ami lecteur, vous apprendront,
        Si vous êtes bon moraliste,
        A laisser les gens tels qu'ils sont.

                            BOUFFLERS.

*
* *

DANS UNE AGENCE MATRIMONIALE

—

— Oui, monsieur, nous avons ce qu'il vous
faut, une orpheline de vingt ans...
— Très bien. Est-elle jolie ?

— Non, mais la dot est de 500 000 francs...
De plus la personne est poitrinaire.

— Poitrinaire, c'est quelque chose. Mais
est-ce bien vrai?

— Oh! monsieur, on vous la garantit.

*
* *

ÉLÉGIE

—

Hélas! hélas! ma tête s'embarrasse,
Mon front se charge; ah! grand Dieu! je frémis!
Je le vois bien, on l'est quoi qu'on y fasse :
C'est notre sort; c'en est fait, je le suis.

Vous le serez, messieurs que je vois rire;
Vous le serez, j'ose en être certain;
Amusez-vous, riez de mon martyre :
Mon tour ce soir, et le vôtre demain.

Le ciel le veut, il faut bien qu'on y passe.
Pourquoi pester? Cela ne guérit rien.
Si c'est un mal, personne n'en trépasse,
Et parfois même on dit que c'est un bien.

Nous nous plaignons, ah! faibles que nous sommes!
Quoi! pour si peu faire tant de fracas!
Les rois le sont comme nous autres hommes :
Et pourquoi donc ne le seraient-ils pas?

Le grand sultan, malgré ses trois murailles,
Ses noirs gardiens, son prophète, ses lois,
Tous ses vizirs, et mille autres canailles,
Dans son sérail l'est aussi quelquefois.

Le fier guerrier armé jusqu'aux oreilles
Fait reculer des torrents d'ennemis ;
Hélas ! tandis qu'on vante ses merveilles,
Ce conquérant devient ce que je suis.

— Mais qu'êtes-vous ? il est temps de s'entendre.
— Pour m'expliquer quand je me mets en eau,
Quoi ! pas encor vous n'avez pu comprendre ?
Je suis, messieurs…, enrhumé du cerveau.

*
* *

LES FORMULES

DU DOCTEUR GRÉGOIRE (1).

—

ABBAYE. — Maison de santé, entre cour et jardin, où de bons moines engraissaient de bons poulets, et réciproquement.

ANTHROPOPHAGE. — Un philantrope qui va trop loin.

APOPLEXIE. — Le gros lot — de la grande loterie.

APOTHICAIRE. — Un industriel qui rit beaucoup de la morgue du médecin ; et qui est plein de mépris pour l'herboriste.

APPÉTIT (L'). — Une galanterie de la nature, qui nous laisse prendre un « besoin » pour un « plaisir ».

(1) Pour faire suite à celles publiées dans les *Anecdotes médicales*, p. 17.

BEDAINE. — Petit temple portatif.

BELLADONE. — Mot à mot : « Belle femme. » — C'est peut-être bien sévère.

BIGOTERIE. — L'épilepsie de la dévotion.

BONTÉ. — Une folie douce — dont l'expérience est le meilleur médecin.

BRAS. — La cervelle — de la majorité.

CÉCITÉ. — Une infirmité qui fait mourir l'amour — dès qu'il en est guéri.

CHAMPAGNE. — Un vin qui nous donne des inquiétudes et qui est, lui-même — bien tourmenté.

CITRON. — « Prenez donc, Madame.
— Non, merci.
— C'est si mauvais pour l'estomac !
— Ah ! c'est juste !... »
Et la dame n'hésite plus.

CORSET. — Petite écluse.

COTON. — Une seconde nature — n'est-ce pas, chère Madame ?

CROUP. — Un fléau qui fait mourir les enfants — et qui tue les mères.

CULOTTES. — Vêtement que mettent les hommes — et que portent les femmes.

DÉPRAVATION (du goût). — Une douce folie, qui laisse croire à ceux qui en sont atteints, que ce sont les autres qui divaguent.

DÉRIVATIF. — L'amour n'en a qu'un : — un autre amour.

DESSERT. — Au premier service, on mange — pour vivre ;
Au second, l'on mange — pour manger ;
Au *dessert*, on mange — pour boire.

DIAPASON. — Oreille de poche.

ÉCHALOTTE. — L'ail — du grand monde.

EXISTENCE (L'). — Une condamnation à mort.

FAIM. — L'indiscrétion de l'appétit.

FANATISME. — Une maladie — de foi.

FUMER. — Absortion réciproque du tabac, par l'homme — et de l'homme, par le tabac.

GARGARISER (Se). — Faire des roulades — hygiéniques.

GOSIER :

Une véritable merveille !
Qui nourrit, tout à tour, l'estomac — et l'oreille.

GRATITUDE. — La digestion d'un bienfait, — opération généralement laborieuse.

HÉMORRHAGIE. — Une hémorrhagie de sang ? — Oui, monsieur Pipelet.

IDIOT. — Un imbécile, qui promettait — et qui a tenu.

INDEX. — Le doigt de la Justice.

JAMBES. — Ce ne sont pas toujours les nôtres qui nous font le plus marcher.

JARRET. — Le nerf de la fuite.

JOUE :

> La bizarre et charmante chose !
> — On y cueille un baiser, il y pousse une rose.

LUNETTES. — Un instrument qui ne ridait pas le front et qui ne meurtrissait pas le nez.
— Ça ne pouvait pas durer !

NERFS. — La ficelle des femmes.

OGNON. — Glande — lacrymale.

OPIUM. — Une pâte que les Chinois font semblant de fumer — pour faire croire que c'est elle qui les rend... comme ça.

ORDRE (L'). — La santé des peuples.

OREILLE. — Une porte cochère, pour la flatterie ; — un trou d'aiguille, pour la vérité.

OREILLER. — Petit champ de carottes.

PÉRICARDE. — « Sac membraneux, dans lequel est logé le cœur, » disent les dictionnaires.
— Un sac !... Je l'aurais parié !

POING. — Une main qui n'est pas contente.

PRÉJUGÉS. — Les escadrons de la Routine.

RÉFORMATEUR. — Un docteur qui a, trop souvent, le tort de prendre son pouls pour celui de ses clients.

RHUMATISMES. — La seconde fraîcheur.

ROUGIR. — Faculté exceptionnelle, — plus on l'exerce, plus elle décroît.

ROULADE. — Gargarisme artistique.

SANTÉ (La). — Veux-tu qu'on te regrette et qu'on t'apprécie, pauvre dédaignée? Eh bien, va-t'en vite et reviens lentement.

TEINT (Le). — Voyez *Teinture*.

VENTRE. — Le cocher de la conscience.

VERRE (*à boire*). — « Qui s'y frotte, s'y pique — le nez. »

VIEILLESSE. — Déménagement à petites journées.

ZIGZAG. — La danse de Bacchus.

A. DECOURCELLE.

* *

LA SAIGNÉE

—

En la ville de Crémonne, n'y a pas longtemps qu'il y avoit un gentil homme, nommé messire Jehan Piltré, lequel avoit aymé longuement une dame qni demeuroit près de sa maison; mais, pour pourchaz qu'il sceust faire, ne pouvoit avoir d'elle la responce qu'il désiroit, combien qu'elle l'aymoit de tout son cueur. Dont le pauvre

gentil homme fut si ennuyé et fasché, qu'il se
retira en son logis, délibéré de ne poursuyvre
plus en vain le bien dont la poursuicte consu-
moit sa vie. Et, pour en cuyder divertir sa fantaisie, fut quelques jours sans la voir; dont il
tomba en telle tristesse, que l'on mescongnois-
soit son visaige. Ses parens feirent venir les
médecins, qui, voyans que le visaige luy deve-
noit jaulne, estimèrent que c'estoit une oppila-
tion du foye, et luy ordonnèrent la saignée.
Ceste Dame, qui avoit tant faict la rigoureuse,
sachant très-bien que la maladie ne luy venoit
que par son refuz, envoia devers luy une vieille
en qui elle se fyoit et lui manda que, puisqu'elle congnoissoit qne son amour estoit véritable et non faincte, elle estoit délibérée de tout
luy accorder ce que si long temps luy avoit refusé. Elle avoit trouvé moïen de saillir de son
logis en un lieu où privément il la pouvoit
veoir. Le gentil homme, qui au matin avoit
esté saigné au bras, se trouve par ceste parolle
mieulx guéry qu'il ne faisoit par médecine ne
saignée qu'il sçeust prendre : luy manda qu'il n'y
auroit point de faulte qu'il ne trouvast à l'heure
qu'elle luy mandoit ; et qu'elle avoit faict un
miracle évident, car, par une seulle parolle, elle
avoit guéry un homme d'une maladie où tous
les médecins ne pouvoient trouver remède. Le
soir venu qu'il avoit tant désiré, s'en alla le gentil homme au lieu qui luy avoit esté ordonné,
avecq un si extrème contentement qu'il falloit

que bien tost il prinst fin, ne pouvant augmenter. Et ne demeura guéres, apres qu'il fut arrivé,
que celle qu'il aymoit plus que son ame le vint
trouver. Il ne s'amusa pas à luy faire grande
harangue, car le feu qui le brusloit le faisoit
hastivement pourchasser ce que à peyne pou-
voit-il croire en sa puissance. Et, plus yvre d'a-
mour et de plaisir qu'il ne luy estoit besoing,
cuydant chercher par un costé le remède de sa
vie, se donnoit par un autre l'advancement de
sa mort; car, ayant pour s'amye mys en oubly
soy-mesme, ne s'apperceut pas de son bras qui
se desbanda ; et la playe nouvelle, qui se vint à
ouvrir, rendit tant de sang, que le pauvre gentil
homme en estoit tout baigné. Mais, estimant
que sa lasseté venoit à cause de ses excés, s'en
cuyda retourner à son logis. Lors, amour, qui les
avoit trop unys ensemble, feit en sorte que, en
départant d'avecq s'amye, son ame départyt de
son corps; et, pour la grande effusion de sang,
tomba tout mort aux pieds de sa Dame,
qui demoura hors d'elle-mème par estonne-
ment, en considérant la perte qu'elle avoit faicte
d'un si parfaict amy, de la mort duquel elle
estoit la seulle cause. Regardant d'aultre costé,
avecq le regret et la honte en quoy elle démo-
roit, si on trouvoit ce corps mort en sa maison,
afin de faire ignorer la chose, elle et une cham-
berière, en qui elle se fyoit, portèrent le corps
mort dedans la rue, où elle ne le voulut laisser
seul, mais, en prenant l'espée du trespassé, se

voulut joindre à sa fortune, et en pugnissant son cueur cause de tout le mal, la passa tout au travers, et tomba son corps mort sur celuy de son amy. Le père et la mère de ceste fille, en sortant au matin de leur maison, trouvèrent ce piteux spectacle, et, après en avoir faict tel deuil que le cas méritoit, les enterrèrent tous deux ensemble.

(Heptaméron de la reine de Navarre.)

* *

IL Y A COUSIN ET COUSIN

—

Suzette folâtrait avec son cousin Pierre
    Au bord de la rivière,
  Or, le cousin était un enjôleur,
      Il abusa de l'innocente,
  Et lui ravit, comme on dit, son honneur.
      Si bien qu'après, Suzette eut peur
  Que sa position ne fût intéressante...
Au bout de quelques mois, le fait était certain,
      Et les cancans allaient leur train :
— Hé ! la belle Suzon, lui dit une commère,
      Tu ne peux plus être rosière,
      Cela se voit à ton maintien,
      A ta démarche, à ton allure,
      Mieux encore à certaine enflure
      Qui, ma foi, te sied assez bien.
Suzette répondit, pour clore l'entretien
      Qui l'avait quelque peu choquée :
— Cette petite enflure ? ah ! baste ! ce n'est rien,
      C'est un *cousin* qui m'a piquée.

LE COMBLE DE LA MAIGREUR

—

Un médecin qui a soigné Sarah Bernhard jeune fille nous disait :

— Elle était déjà si maigre que lorsqu'elle avait pris une pilule, elle avait l'air d'être enceinte.

LE MÉDECIN ET LA COLOSSE

—

FABLE

Ayant, en l'auscultant, appelé « ma colombe! »
Une lutteuse à fort biceps, il en reçut
Un coup, le dur coup du lapin, sur l'occiput.

MORALITÉ

Oh ! n'*auscultez* jamais une femme qui *tombe!*

UNE LOGE A L'OPÉRA

—

J'étais l'autre soir à l'Opéra. — Dans une loge à côté de la mienne, se trouvait un jeune couple vers lequel se dirigeaient de nombreuses lorgnettes. Autant que je pouvais voir, me trouvant un peu en arrière, la femme était admirablement belle, de cette beauté mate et chaude du Midi, avec un flot de cheveux noirs.

C'étaient sans doute deux jeunes époux en plein épanouissement de lune de miel, car on devinait une caresse dans chacun de leurs mouvements.

Pendant l'entr'acte, je me plaçai près du balcon pour mieux voir ma belle voisine, et, la jeune femme tournant par hasard les yeux de mon côté, nos regards se croisèrent. — Aussitôt, par un brusque mouvement, elle se rejeta au fond de la loge.

J'avais éprouvé moi-même une vive émotion en reconnaissant cette jeune femme dont j'ignorais le nom, et que je n'avais vue qu'une fois ; mais elle savait que j'étais dépositaire d'un secret auquel était sans doute attaché tout son bonheur.

C'était au mois d'octobre dernier ; ma consultation était terminée, et, libre jusqu'au dîner, je comptais savourer un excellent cigare, le premier, hélas ! de la journée. — J'allais dire à mon domestique de ne plus recevoir, lorsque j'entends sonner... je rentre dans mon cabinet en maugréant, et j'ouvre la porte du salon.

Une jeune femme d'allure distinguée, mais le visage complètement caché par un de ces voiles épais qui n'ont certainement pas été inventés par une Française, pénètre dans mon cabinet, et debout devant moi, me dit :

— C'est une de mes amies, docteur, et une de vos clientes, qui m'a donné votre adresse. — J'ai une grave confidence à vous faire, et de votre réponse va dépendre tout mon avenir. — Je viens vous prier de m'examiner, et de me dire si je suis vierge...

— Mais, répondis-je, fort interloqué, qui mieux que vous peut le savoir, mademoiselle?

— Je sens bien que ma question doit vous sembler déraisonnable; cependant, vous allez comprendre mon ignorance et mes doutes.

Elle s'était assise et me raconta ce qui suit :

Pendant l'été de 1870, — j'avais à peine seize ans, — un jeune homme, mon voisin de campagne, me faisait une cour assidue, et sans en parler à nos parents, du consentement desquels nous ne pouvions douter, nous nous étions mutuellement fiancés.

Un soir du mois d'août, — la guerre était déjà commencée, — il me demanda un rendez-vous dans notre parc. Il devait partir le lendemain, et il voulait me voir une dernière fois.

Nous étions assis l'un près de l'autre, pleurant à la pensée de nous quitter... « Laissez-moi vous embrasser, me dit-il. Ce sera la première et peut-être, hélas! la dernière fois, car qui sait ceux qui reviendront!

Alors ses bras m'enlacèrent, je tombai en arrière éperdue et je perdis connaissance... Quand je revins à moi, il était à mes genoux, ma tête dans ses mains. — Il me donna un dernier baiser et partit... Je ne le revis plus; il fut tué au combat de Bapaume. — J'ai toujours gardé son souvenir, et jusqu'à ce moment, j'ai refusé tous les partis qui se présentaient.

Aujourd'hui, huit ans se sont écoulés; je suis recherchée par un jeune homme que je me sens aimer, mais je ne veux devenir sa femme, que si j'ai la certitude de n'avoir pas appartenu à un autre, et ce doute me tue. J'ai des souvenirs que je ne puis traduire et qui me font peur... Je veux savoir la vérité.

Ici s'ouvre une parenthèse.

Cette histoire, en apparence un peu légère, vous fait peut-être sourire. Mais la question qu'on me posait était grave... Si cette jeune fille n'était pas vierge, allais-je d'un mot briser ses rêves et tout son avenir? Son mari pouvait bien ne pas s'en apercevoir, après tout... Mais si je lui cachais la vérité, et que par hasard son mari s'en aperçût, j'assumais une grande responsabilité.

Toutes réflexions faites, cependant, j'étais décidé à un mensonge, mais je n'eus pas besoin d'y recourir. Elle était vierge, absolument vierge; et je lui affirmai avec un tel accent de vérité, qu'elle n'en douta pas un seul instant, et dans sa joie, elle faillit me sauter au cou.

Cette jeune fille, ai-je besoin de le dire? c'était mon inconnue de l'Opéra.

Dᵣ R (Le Praticien.)

**

SONNET MÉDICAL

—

APPÉTIT

« *Un concours imprévu d'affaires ennuyeuses*
« *Me prive, cher monsieur, du plaisir d'assister*
« *A ce dîner où vous vouliez bien m'inviter.*
« *Mille regrets. Salutations affectueuses.* »

Cette lettre était courte, et les autres verbeuses;
Mais sur un fond commun tous ils avaient brodé.
Ils me lâchaient, devant un repas commandé
Où se multipliaient les sauces onctueuses.

Quel guignon ! Quand soudain, au détour du *Rat mort*,
J'aperçois Monselet. Je l'attache à mon sort.
— Cet homme est, à lui seul, un essaim de convives. —

Je ne me lassais pas de le voir s'occuper.
Tout autre m'eût donné les craintes les plus vives;
Mais lui, dès le dessert : « Où pourrions-nous souper? »

Dr GEORGES CAMUSET.

**

LA DENT DU PETIT

—

Un bambin de six ans souffrait beaucoup
d'une dent qu'on dut faire arracher. Ce fut une
affaire. Il avait grand'peur du dentiste; il fallut
lui acheter sa mauvaise petite dent à prix d'or.
Le dentiste lui en offrit *vingt sous* sur l'ordre

secret de sa mère. Encore le patient, d'abord fasciné par l'énormité de la somme, regretta-t-il amèrement le marché pendant l'opération, il jetait les hauts cris; il eût rendu volontiers son beau franc tout neuf et gardé sa dent.

Quelque temps après, cependant, c'était le tour de sa mère à pleurer. On était à la veille du terme et l'argent manquait dans le petit ménage. Où en trouver? Tout à coup l'enfant saute sur les genoux de sa mère, l'embrasse et lui dit avec mille caresses câlines :

— Dis donc, petite mère, si tu as besoin d'argent, j'irai me faire arracher encore une dent; veux-tu?

(L'Hygiène pour tous.)

* *

LE PAUVRE MALADE (1)

—

STANCES

Magdelon, je suis bien malade,
J'ai les yeux cavés et battus,
La face terreuse et maussade,
Les genoux maigres et pointus;

(1) Nous attribuons à Cyrano cette pièce de vers, qui est imprimée avec l'initiale C. dans le Recueil de Poésies choisies, publié par son libraire Charles de Sercy, en 1890, t. III, p. 335 et suiv. Elle semble avoir été faite pendant sa dernière maladie, causée par un coup qu'il avait reçu à la tête.

Ceux qui me voient par la rue,
Jaune comme vieille morue,
Caneter en amant fourbu,
Estiment que c'est la vérole
Qui me fait aller en bricole,
Et m'enivre sans avoir bu.

Les beaux jours ne me sont donnés
Que pour m'éclairer sur la selle ;
J'ai toujours la roupie au nez,
J'ai l'embonpoint d'une escarcelle.
Morfondu, baveur et transi,
Si j'allais visiter ainsi
Votre beauté qui me travaille,
J'offenserais votre œil vainqueur,
Et vous ferais plus mal au cœur
Qu'un morveau (1) contre une muraille.

Hélas ! avant ma maladie,
J'étais frais comme un maquereau ;
J'avais la face rebondie,
J'étais souple comme un bourreau ;
Maintenant la toux m'atténue,
Je crache ma rate menue,
Je vomis des phlegmes tout verts,
Je sens ma fressure opilée,
J'en ai la fourchette avalée,
Et le triboulet (2) à l'envers.

Je ne suis plus entre les blonds,
Puisque ma tête se dépouille ;
On n'y voit plus mes cheveux longs
Non plus que sur une citrouille ;
Les poux se sauvent sur mon dos :
Dessus cette carcasse d'os,

(1) Crachat.
(2) C'est-à-dire l'esprit, la tête.

Cette canaille me ravaude ;
Je m'en fripe tout rechigné,
Et fais un minois renfrogné,
Comme un cuisinier qui s'échaude.

Que c'est une richesse extrême
D'être sain en sa pauvreté !
Mais c'est bien la pauvreté même
De n'avoir argent ni santé.
Un petit grenier est mon Louvre ;
Mon manteau jour et nuit me couvre ;
On me donne un drap en trois mois ;
Pour tous rideaux j'ai la muraille,
Avec une botte de paille
Dessus un matelas de bois.

Sitôt que le sommeil m'abat,
Les rats commencent leur tempête ;
Les chats célèbrent leur sabbat
Au haut du toit dessus ma tête ;
Je n'ai pu dormir de la nuit,
Tant ces galans m'ont fait de bruit
A l'élection de leur prince ;
Chacun voulait donner sa voix,
Et tous opinaient à la fois
Dans le conseil de la province.

Seigneurs Etats, à la pareille,
Tenez vos assises plus loin ;
Ainsi l'amour qui vous réveille
Vous laisse dormir au besoin ;
Ainsi toujours, sur les gouttières,
La chatte, douce à vos prières,
Se laisse flairer les gigots,
Et, méprisant la jalousie,
Vous accorde la courtoisie,
Sans se cacher dans les fagots !

Cyrano de Bergerac.

*
* *

LE REMÈDE IMPRÉVU

—

Ovide Rompardeau était un fringant cavalier lorsqu'il épousa l'ardente Emilie Rossignol, et pendant les premiers mois de son ménage, il faisait, en compagnie de sa femme, de nombreux kilomètres sur la route de Cythère.

Mais, à marcher de ce train-là, le pauvre garçon fut bientôt fourbu et il ralentit considérablement sa marche, au grand désespoir d'Emilie, qui aurait bien voulu que les promenades au pays du Tendre fussent toujours aussi fréquentes.

Elle avait le... jarret solide, la bonne Emilie, l'œil ardent comme des escarboucles, l'oreille petite et rosée, et sa bouche (oh ! sa bouche !) appelait les baisers.

Or, Rompardeau ne voulait pas que d'autres baisers que les siens répondissent à l'appel de ce petit baiser lascif.

Aussi chercha-t-il dans l'emploi de certains excitants connus de tous et renommés pour rendre la vigueur aux membres affaiblis, tels que le poivre, le gingembre, la cannelle, etc., des auxiliaires précieux qui l'aidèrent, pendant quelque temps, à soutenir la réputation de bon marcheur qu'il s'était faite tout d'abord aux yeux de sa femme. Mais, vous le savez, chers lecteurs, le corps s'habitue bientôt aux remèdes lorsque chaque jour on en fait l'emploi, si bien qu'ils deviennent absolument inefficaces.

C'est ce qui arriva à notre ami Ovide, lequel se désolait, car il aimait sa femme, et il sentait bien que s'il restait au-dessous de sa tâche, il serait fatalement... ce que tant de maris sont sur cette terre.

Le poète a dit vrai quand il s'est écrié :

Un époux bien épris est jaloux de lui-même.

Aussi ce pauvre Ovide se désolait... se désolait...

Mais le désespoir n'étant pas un remède, au contraire, sa femme commença à le plaisanter, disant que ses parents étaient des sorciers qui avaient prévu l'avenir lorsqu'ils l'avaient fait baptiser Ovide.

Elle avait beau lui dire cela en riant, ça vexait son mari, qui se désespérait de plus en plus.

Enfin, un beau soir, sur l'oreiller, après des essais de causerie qui ne rappelaient en rien les *Essais* de Montaigne, les deux époux eurent une explication toute amicale, croyez-le bien, car :

On a peine à haïr ce qu'on a bien aimé,

et Emilie avait bien aimé et aimait encore celui auquel elle devait le bonheur d'avoir échangé son nom de jeune fille, un vilain nom, pour celui de Rompardeau, qui sonne mieux à l'oreille.

Aussi, après lui avoir exposé ses griefs d'alcôve, Emilie amena la conversation sur un de ses parents, le papa Dupilon, un vieux pharmacien, qu'Ovide devrait bien aller consulter.

Ovide déclara que cette visite à l'apothicaire était indiscrète, et qu'il n'oserait jamais aller avouer son cas à un cousin de sa belle-mère.

— Sois tranquille, et il te recevra bien, lui répondit Emilie, je lui ai annoncé ta visite...

— Comment, tu as osé, sans rougir, lui dire que... ?

— Non pas, je lui ai dit que j'étais inquiète à *ton endroit*, et comme il me priait de lui exposer l'*objet* de mes inquiétudes, j'ai ajouté que seul tu pouvais le lui exposer... Il t'attend, et, crois-moi, il n'est pas bien tard, si tu veux me faire vraiment plaisir, lève-toi et cours chez le pharmacien Dupilon et demande-lui des conseils... que tu pourras peut-être mettre à profit à ton retour...

— Mais...

— Va, mon chéri, lui dit-elle en lui fermant la bouche d'un baiser brûlant.

Ovide, qui ne voulait pas augmenter la collection des George Dandin et des Sganarelle modernes, crut prudent d'obéir aux désirs de son Emilie, désirs qui ressemblaient singulièrement à des ordres ; et après s'être vêtu, il courut chez le papa Dupilon qu'il trouva dans son laboratoire, au milieu de ses fioles et de ses alambics.

Ovide était tout ému, si ému à la vue des ballons et des cornues qui l'entouraient de toutes parts, qu'il ouvrit la bouche pour parler et que les sons s'arrêtèrent étouffés dans sa gorge.

Ce fut le papa Dupilon qui, tout en bouchant ses flacons et en collant ses étiquettes, prit le premier la parole :

— Je devine, dit-il à Ovide, ce qui vous amène ; ma cousine Émilie m'a fait part de ses craintes ; il paraîtrait que vous êtes souffrant...

— Mais, non, monsieur Dupilon, je me porte comme un charme... seulement...

— Seulement, répliqua le bonhomme sans s'interrompre dans son travail...

— Seulement...

Et Ovide dut se résoudre à dire la vérité au cousin de sa belle-mère : il ne pouvait plus courir comme autrefois.

— Ah ! ah ! dit Dupilon, c'est grave cela... mais on peut y remédier... voyons, que je vous palpe, mon ami...

Et voilà Ovide qui se laisse palper...

La consultation fut longue, car le vieux pharmacien, tout en auscultant son malade, continuait son bouchage de flacons et son collage d'étiquettes, mais n'ordonnait rien.

Finalement, après avoir réfléchi un instant, il dit à Ovide :

— Je sais ce qu'il vous faut... remettez votre vêtement, rentrez chez vous, et venez me voir demain, je vous aurai préparé quelque chose; embrassez bien Emilie de ma part.

Et il poussa Rompardeau hors de son laboratoire, pressé qu'il était de terminer les nombreuses préparations pharmaceutiques qu'attendait sa clientèle.

— Eh bien! demanda Emilie à son époux, lorsqu'il rentra, que t'a-t-il ordonné?

— Il m'a dit de revenir le voir demain, mais je n'irai pas; c'est une démarche qui m'est trop désagréable...

Et il s'approcha du lit pour reprendre sa place auprès de sa femme.

Mais Emilie l'arrêta en disant :

— Laisse-moi voir ce qu'il y a sur cette étiquette.

— Quelle étiquette?

— Celle que tu as là?

— Tiens, c'est bizarre, je ne m'étais pas aperçu de ce collage d'étiquette par le papa Dupilon sur... ma personne.

Mais Emilie avait déjà saisi... l'étiquette.

Et elle lut ces mots :

AGITER AVANT DE S'EN SERVIR.

Il paraît que le traitement indiqué sur cette étiquette collée, on ne sait comment, au moment de la consultation du papa Dupilon, est excellent, car Ovide n'est pas retourné chez le vieux pharmacien, et Emilie.. n'est plus inquiète à l'*endroit* de son mari.

(Contes Grivois.)

* * *

EN COUR D'ASSISES

—

— Accusé, interroge le président, expliquez à messieurs les jurés pour quel motif vous avez jeté votre femme dans la rivière.

— C'est pour son bien, mon président. Ma pauvre défunte était malade et les médecins me disaient tous qu'il lui fallait l'hydrothérapie.

* * *

L'EFFET DES EAUX

Chanson composée pour le banquet de la Société d'Hydrologie, le 20 mars 1882.

—

AIR : *Le Dieu des bonnes gens.*

Post hoc, ergò... cet antique proverbe
Triomphe aux eaux, s'y montre en action,
Pour le vieillard, pour la femme ou l'imberbe,
Dans la plus grande ou mince station.
On reste gras, on se transforme en maigre ;
On craint le calme, on aspire au repos ;
On paraît triste, on redevient allègre,
    Tout est l'effet des eaux.   (*bis*)

Que de clients aux lois de la science
Ne veulent pas obéir en moutons !
Mais leurs voisins leur donnent confiance
Et de *baigneurs* les changent en *tritons*.
Ce buveur vient, la figure blémie,

De flots d'eau chaude il gorge ses canaux.
Et l'an d'après, il dit : « Mon anémie
            Est un effet des eaux. »   (*bis*)

Un vieux mari conduit sa jeune épouse,
Brûlant d'avoir un premier héritier ;
S'il craint les fats en son humeur jalouse,
A table d'hôte il faut bien se lier.
A son retour, Madame est un peu ronde
Et du *griffon* se loue à tout propos.....
Femme stérile et source qui féconde !
            Gloire a l'effet des eaux !   (*bis*)

Tiens ! j'aperçois Madame de Sainte-Ure
Le verbe haut, le corsage en avant,
Cheveux en chien, du riz sur la figure,
Tout un troupeau de *gommeux* la suivant.
Venue ici dans la troisième classe,
De bons pigeons elle a sucé les os.
A son landau, Messieurs, faites donc place,
            Pour voir l'effet des eaux !   (*bis*)

Il vient, dit-il, pour sa santé précaire,
Ce gros boursier qu'un amour peu légal
Enchaîne aux pieds d'une beauté légère ;
Il croit tromper le regard conjugal !
Dans la *piscine* où le nigaud s'installe,
Sa femme prend nos amants tout penauds ;
De son foyer la douce paix détale,
            Grâce à l'effet des eaux.   (*bis*)

Les Eaux, dit-on, c'est la Californie ;
Chaque confrère y trouve un lingot d'or.
Jeunes docteurs, croyant la route unie,
Aux stations vous prenez votre essor ;
Mais vous verrez souvent que la fortune
A vos pieds nus ne met que des sabots ;
Pour le soleil vous avez pris la lune ;
            Quel triste effet des eaux !   (*bis*)

Dans nos statuts, une clause pratique
Avec raison ôte droit de cité
A tout manchot, ou bien tout aphasique
Qui veut entrer dans la *société*.
Qu'elle ne soit jamais stationnaire,
Et vos neveux, en lisant vos travaux,
De vous diront au premier centenaire :
   « Voilà l'effet des eaux. »   (*bis*)

Dr ÉMILE TILLOT.

MOT D'ENFANT

Bébé est avec sa tante, une coquette sur le retour, qui, devant une glace, met la dernière main à sa toilette.

— Allons, bébé, dit la tante, viens, nous partons.

Et Bébé, d'un ton obligeant :

— Bonne tante, tu as oublié ta *poudre de rides*.

(*Le Citoyen.*)

LA COLIQUE INTEMPESTIVE

CONTE VRAISEMBLABLE

. . . .
J'avais un camarade (est-il là rien de rare ?)
Qui s'allait marier (c'est encor très commun).
Celle qu'il épousait, veuve d'un vieil avare,

Avait, en le perdant, hérité du défunt.
              C'était double profit pour elle :
Aussi l'avait-on vue arroser, en retour,
Le tombeau d'une larme unique, mais réelle.
              (N'est-ce pas la mode du jour
De s'affliger ainsi d'une perte cruelle?)

La dame, jeune encore, assez patiemment
              Attendait la fin du veuvage.
              (Vîtes-vous jamais femme sage
Dans un semblable cas se conduire autrement?)
Pleurer les morts, c'est bien, mais c'est mal de les
              L'ordre des choses le voilà :   [suivre.
C'est qu'avec les vivants les vivants doivent vivre :
              Dieu nous mit ici pour cela.
Peut-être trouve-t-on que mon histoire traîne.
C'est encor naturel : le journal d'aujourd'hui,
Menant au crétinisme à l'aide de l'ennui,
Où deux mots suffiraient en met une centaine.

L'époque de l'hymen approchait : mon ami
Venait dîner souvent chez sa femme future ;
Il n'était de l'épouse amoureux qu'à demi ;
Mais la chère et la dot le charmaient, je vous jure !
(Vous m'accorderez bien, lecteurs intelligents,
              Que, sans rien pousser à l'extrême,
On pourrait affirmer que sur vingt jeunes gens,
              Quinze pour le moins sont de même.)

On était au moment où le printemps renaît.
La veuve avait passé son deuil à la campagne ;
De chez elle, un beau soir, mon ami revenait.
Il avait bu, je crois, quelques doigts de champagne.....
(Je n'en dirais pas tant si l'on me devinait ;
              Mais je n'écris rien d'inutile,
              Et ce qui vous semble futile
              N'est pas mis ici sans raison.)

Quand il fut à cent pas du logis de sa belle,
Il ressentit l'effet de la digestion.

Le champagne, parfois, de nous purger se mêle ;
Peut-être bien était-ce un tour de sa façon.
(La chose assurément arrive à tout le monde :
      On le sait, l'imperfection
      En notre pauvre espèce abonde.)

Un talus, près de lui, se dressait juste à point :
      La tentation était forte :
Il n'y put résister et se mit dans un coin.
(Jusqu'à présent, lecteurs, trouvez-vous que je sorte
Du vraisemblable ? Hélas ! il n'en est pas besoin !
      L'histoire vraie est assez triste :
      Vous allez bien le voir plus loin.)

A ses ardents désirs, le sage seul résiste
      Et ne s'en trouve jamais mal.
Mon pauvre ami venait de se mettre en posture,
      Quand quelque génie infernal
Amena sur les lieux… qui, mon Dieu ? — Sa future !
Hélas ! oui, sa future, au bras d'un général
En retraite, un héros à l'âme valeureuse,
      Et sur l'étiquette à cheval,
Elle prenait le frais… le frais, la malheureuse ! ! !
      Son fiancé, tout interdit,
      Dans sa pose malencontreuse,
Leur fit un grand salut, auquel on répondit
Par un geste ironique… Et depuis, tout fut dit :
D'un et d'autre côté parole fut rendue :
Adieu l'amour, la dot, le ridicule tue !

Par le héros chagrin cela me fut conté.
A la fin, essuyant une furtive larme,
Il ajouta ces mots, dont la candeur me charme,
Et que je reproduis dans leur naïveté :
— Si je m'étais tourné, quand je la vis paraître,
      La face de l'autre côté,
      Elle n'eût pu me reconnaître,
      Et le mal était évité.

Frère JEAN

NOUVELLES A LA MAIN

—

La petite Lise a mal aux dents, elle pleure;
sa maman veut la consoler.

— Voyons, sois sage devant le monde.

— Oh! toi, tu es bien heureuse, maman,
quand tu as mal aux dents, tu les ôtes.

* *

La science a ceci de commun avec le sapeur,
que rien ne lui est sacré.

En voyage, une jeune dame est surprise par
des douleurs très caractéristiques.

Un médecin, appelé en toute hâte, commence
par lui demander :

— Avez-vo , déjà passé par cette épreuve?
Elle, très interdite :

— Mais, docteur, je suis mariée depuis un
an à peine !

Le docteur, imperturbable :

— Vous ne répondez pas à ma question. Je
la réitère. Est-ce la première fois que ceci vous
arrive ?

* *

Une veuve inconsolable se sentant indisposée :

— Ah ! dit-elle en levant les yeux au ciel, je

sens que Dieu m'appelle auprès de mon cher défunt? Merci, mon Dieu, merci.

Le médecin arrive.

Elle recommence son boniment. Et voyant que le médecin ne l'interrompt pas :

— Docteur, lui dit-elle avec anxiété, ce n'est pas grave, n'est-ce pas?

***

Moyen imaginé par un cocher pour aller remiser tranquillement.

A tous ceux qui l'arrêtent il dit d'un ton doucereux :

— Montez si vous voulez, mais je vous avertis que je viens de conduire un varioleux à l'hôpital.

On s'empresse, bien entendu, de héler un autre automédon.

***

Un riche fermier promettait, par la voie des journaux, vingt mille francs à celui qui le rendra borgne.

De nombreux oculistes accourent de toutes parts à sa demeure, mais ils s'aperçoivent bientôt qu'ils ont affaire à un mystificateur... qui était aveugle.

***

— Le moyen de faire passer le ver solitaire?

— Il faut essayer d'en avoir un second... il ne sera plus solitaire.

**

— Docteur, pensez-vous que le séjour à la mer nous permette d'avoir... un héritier?

— Ça s'est vu, chère madame. Mais il faut d'abord éloigner votre mari.

**

On demandait à un médecin :

— Un goutteux peut-il prendre des bains de mer?

— Je n'y vois pas d'inconvénient, répondit l'homme de science. Que voulez-vous que fasse une goutte de plus dans l'Océan?

Léon Audibert.

**

Bébé promet :

Il jouait au docteur avec son chat. C'était le chat qui faisait le malade, naturellement :

— Il est vraiment temps qu'il aille prendre les eaux, dit Bébé gravement en tenant la patte de l'animal.

— Mais quelles eaux? demande sa maman.

— Eh bien, les eaux... *Minet râle.*

(*Le Gil Blas.*)

*
* *

N. rencontre son ami Z. qui courait comme un dératé.

— Où vas-tu donc comme cela ?

— Je vais chercher un médecin ; mon fils a une fièvre de cheval...

— Eh bien ! va chez le vétérinaire !

*
* *

Mme X... a l'oreille un peu dure.

Un de ses amis lui parlait d'un spécialiste distingué : le docteur M...

— Ah ! s'il me guérissait, s'écria Mme X..., je lui donnerais dix mille francs.

— Dix mille francs ! repartit l'ami. Ah ! chère madame, si vous étiez guérie, vous n'entendriez plus de cette oreille-là !

(La Médecine populaire.)

*
* *

Une petite dame, victime d'une glissade sur le trottoir, s'est légèrement foulé le bras. Par ce temps de neige, on est sujet à ces accidents.

Elle va trouver un médecin et lui exhibe un joli bras potelé que le docteur examine dans tous les sens.

Le docteur lui dit d'un ton magistral :

— Mademoiselle, il ne faut pas vous inquiéter, le *radius* est tout à fait indemne ; votre *cubitus* est seulement un peu endommagé...

— Mon *cubitus !* s'écrie la dame indignée. Taisez-vous, espèce de malhonnête !

(Le Gaulois)

**

Charmante devise d'un médecin, qui, pour étudier toujours son art, n'en est pas moins ami de la bonne chère.

On lit sur son cachet : « Je dissèque et bois de même. »

Un autre docteur a pris une devise en rapport avec son faible pour la dive bouteille : « Hippocrate, Hypocras ! »

**

Un artilleur se présente l'autre jour chez un pharmacien et lui demande du laudanum.

L'élève pharmacien auquel il s'adresse, ne connaissant pas le militaire, lui répond :

— Je ne puis vous donner cela sans ordonnance.

— Pardon, riposte le soldat, c'est moi qui *la* suis.

(L'Événement.)

*
* *

L'ABBESSE MALADE

—

Certaine abbesse un certain mal avait,
Pâles couleurs nommé parmi les filles ;
Mal dangereux, et qui des plus gentilles
Détruit l'éclat, fait languir les attraits.
Notre malade avait la face blême
Tout justement comme un saint de carême ;
Bonne d'ailleurs, et gente, à cela près.
La faculté, sur ce point consultée,
Après avoir la chose examinée,
Dit que bientôt madame tomberait
En fièvre lente, et puis qu'elle mourrait.
Force sera que cette humeur la mange,
A moins que de... (l'à moins est bien étrange),
A moins enfin qu'elle n'ait à souhait
Compagnie d'homme. Hippocrate ne fait
Choix de ses mots, et tant tourner ne sait.
« Jésus ! reprit toute scandalisée
Madame abbesse : Eh ! que dites-vous là ?
Fi ! — Nous disons, repartit à cela
La Faculté, que, chose assurée,
Vous en mourrez, à moins d'un bon galant :
Bon le faut-il, c'est un point important ;
Et, si bon n'est, deux en prendrez, madame. »
Ce fut bien pis : non pas que dans son âme
Ce bon ne fut par elle souhaité ;
Mais le moyen que sa communauté
Lui vînt sans peine approuver telle chose ?
Honte souvent est de dommage cause.
Sœur Agnès dit : « Madame, croyez-les ;
Un tel remède est chose bien mauvaise,
S'il a le goût méchant à beaucoup près
Comme la mort. Vous faites cent secrets,
Faut-il qu'un seul vous choque et vous déplaise ?

— Vous en parlez, Agnès, bien à votre aise,
Reprit l'abbesse ; or çà, par votre Dieu,
Le feriez-vous ? mettez-vous en mon lieu.
— Oui-dà, madame ; et dis bien davantage :
Votre santé m'est chère jusque-là
Que, s'il fallait pour vous, souffrir cela,
Je ne voudrais que dans ce témoignage
D'affection, pas une de céans
Me devançât. » Mille remercîments
A sœur Agnès donnés par son abbesse.
La Faculté dit adieu là-dessus,
Et protesta de ne revenir plus.

Tout le couvent se trouvait en tristesse,
Quand sœur Agnès qui n'était de ce lieu
La moins sensée, au reste bonne lame (1),
Dit à ses sœurs : « Tout ce qui tient madame
Est seulement belle honte de Dieu :
Par charité n'en est-il point quelqu'une
Pour lui montrer l'exemple et le chemin ? »
Cet avis fut approuvé de chacune ;
On l'applaudit, il court de main en main.
Pas une n'est qui montre en ce dessein
De la froideur, soit nonne, soit nonnette,
Mère prieure, ancienne ou discrète.
Le billet trotte ; on fait venir des gens
De toute guise, et des noirs, et des blancs,
Et des tannés. L'escadron, dit l'histoire,
Ne fut petit, ni, comme l'on peut croire,
Lent à montrer de sa part le chemin.
Ils ne cédaient à pas une nonnain
Dans le désir de faire que Madame
Ne fût honteuse, ou bien n'eût dans son âme
Tel récipé (2) possible, à contre-cœur,
De ses brebis à peine la première
A fait le saut, qu'il suit une autre sœur :

(1) Fine, adroite.
(2) Ordonnance du médecin.

Une troisième entre dans la carrière ;
Nulle ne veut demeurer en arrière :
Presse se met pour n'être la dernière.
Que dirai plus ? Enfin l'impression
Qu'avait l'abbesse encontre ce remède,
Sage rendue, à tant d'exemples cède.
Un jouvenceau fait l'opération
Sur la malade. Elle redevient rose,
Œillet, aurore, et si quelque autre chose
De plus riant se peut imaginer.

O doux remède ! ô remède à donner !
Remède ami de mainte créature,
Ami des gens, ami de la nature,
Ami de tout, point d'honneur excepté !
Point d'honneur est une autre maladie :
Dans ses écrits madame Faculté
N'en parle point. Que de maux en la vie !

La Fontaine.

* *

QUELQUES COMBLES

—

— *Le comble de la vanité* : Chercher à contracter une seconde fois la petite vérole pour se faire remarquer !

— *Le comble de la prudence* : Appliquer un bandage à une descente de lit !

— *Le comble de l'habileté pour un docteur* : Administrer un vomitif à un ministre et lui faire rendre un décret !

— *Le comble de la crédulité* : C'est de croire

qu'on peut faire percer un isthme au moyen de cataplasmes émollients !

— *Le comble de la plaisanterie de mauvais goût :* Envoyer à un cul-de-jatte une invitation de soirée avec la mention : *On dansera !*

***

INCONTINENCE SIMULÉE

—

Une très belle fille ayant été obligée par son père d'entrer en religion pour prendre l'habit, et n'osant témoigner qu'on lui faisait violence, s'avisa, étant dans le monastère, de pisser chaque nuit en son lit, afin qu'on crût qu'elle ne pouvait tenir son eau. La supérieure en ayant été avertie, manda le père, et lui dit : *Monsieur, c'est avec bien du regret que je suis obligée de vous rendre votre fille. Elle paraissait bien appelée au couvent, mais elle a un défaut qui ne nous permet pas de la garder.* Elle lui dit ensuite ce que c'était. La demoiselle, qui faisait mine de se désoler de ce qu'on ne voulait pas lui donner le voile, retourna chez son père, où elle fut bientôt guérie de sa prétendue infirmité.

L'histoire fut sue ; on en fit des railleries ; et un jeune gaillard, ami du père, riant un jour avec lui de cette affaire : *Vraiment,* lui dit-il, *si vous m'eussiez parlé dans le temps, votre fille serait encore aujourd'hui en religion. Je sais par* quel endroit elle en est sortie, et je l'aurais volontiers fermé.

(Bibliothèque amusante.)

* * *

LE SPÉCIFIQUE

—

Il était un manant qu'on appelait Colin,
        Garçon vert, de large carrure,
    De bonne pâte, et de haute encolure.
    Quant à l'esprit, ce n'était du plus fin ;
    Il n'en avait que petite mesure.
        Or ce Colin fut tourmenté
    D'un certain mal, présent de la Nature,
Qu'on pourrait à bon droit nommer mal de santé,
    Mal peu connu de tout sexagénaire,
        Mal que les femmes d'ordinaire
    Ne plaignent point, tant soit-il violent.
C'est inhumanité chez elles générale.
    Dans quelques-uns il est intermittent ;
    Colin l'avait continu ; nul instant
De trêve ou de repos, pas le moindre intervalle.
    Or est ce mal singulier en ce point,
    Que bien malade est qui ne le sent point.
N'en est atteint qui veut ; souvent on le désire.
    J'ai dit qu'aux uns il prenait par accès.
        J'ai tort, à tous je devrais dire ;
        Beaucoup même ne l'ont jamais.
    On ne voit point de Colin à douzaine.
    Colin pourtant s'en lassa, se dit-on :
    Très sot fut-il ; en mainte occasion
    Je ne serais fâché d'être à sa peine.
    Colin va donc trouver le médecin ;
        C'était un docteur à gros grain,
    Sachant saigner, purger, rien davantage :
        C'était assez pour un village.

Notre manant, plein de simplicité,
Expose, tout honteux, son incommodité.
Le médecin examine la chose ;
Puis, ayant bien ou mal raisonné sur la cause,
Notre Esculape villageois
Allègue aussitôt avec poids
L'axiome banal : qu'on guérit d'ordinaire
Le contraire par son contraire.
Puis haussant de deux tons sa voix :
Oui, mon ami, votre mal ne procède
Que de chaleur ; le froid est le remède,
Cela dit, il va prendre un seau,
Fort gravement le remplit d'eau,
La chose était simple, ordinaire :
Mais la gravité du docteur,
Aux yeux du rustre spectateur,
La rendait un fort grand mystère.
Çà, Colin, lui dit-il, dans cette eau que voilà
Plonger vous faut la partie affligée ;
Trompé serais, si par ce moyen-là
Elle n'est bientôt soulagée.
Si ce remède ne suffit,
D'autres on essaiera. Le manant obéit,
Fait l'immersion ordonnée ;
Mais d'effet pas un brin, ou du moins un petit :
La maladie était enracinée.
Colin eut beau plonger, le mal ne se passa ;
Vingt, trente fois, Colin recommença :
Tout aussi peu, c'était pure folie ;
Ou si Colin sentait pour un moment,
Par la froideur de l'eau, quelque soulagement,
Il ressortait dehors avec plus de furie,
La crise redoublait. Étrange maladie !
Enfin le pauvre médecin
Pour cette fois perdait tout son latin.
Ce mal-là, disait-il, est plus grand qu'on ne pense.
Il enjoignit toutefois à Colin
De revenir chez lui soir et matin,
Exécuter la susdite ordonnance.
Se rebuter, dit-il, ne faut incontinent ;

Le mal vient à pas de géant,
Et nous quitte à pas de tortue.
Colin, qui de guérir ardemment désirait,
Fit au docteur sa visite assidue ;
Crut, que moyennant Dieu, son mal le quitterait.
Il guérit en effet, voici de quelle sorte.
On vint un jour chercher le médecin,
Pour aller voir an village prochain
Quelque malade ; il s'y transporte
En grande hâte, et laisse là Colin
Dans une cour. Notez qu'à la fenêtre
La femme du docteur en ce moment était,
D'où vit Colin, se croyant seul peut-être,
Qui gravement se médicamentait.
L'état du sire lui fit peine.
Le sexe a l'âme tendre, humaine,
Et ne saurait voir un poulet souffrir,
Sans s'émouvoir et s'attendrir.
Elle appelle Colin, sans tarder davantage,
Le fait monter, et lui tient ce langage :
Mon mari se moque de toi,
Avec son seau, mon pauvre ami, crois-moi,
Il ne connaît en nulle guise
Ce qu'il te faut. Ne fais plus la sottise
D'aller à lui. Va je sais un secret
Qui fait à tous les siens la nique,
Et qui produit sur-le-champ son effet,
En un mot un vrai spécifique.
C'est du froid qu'il ordonne : il est fou, c'est du
Mon pauvre Colin, qu'il te faut ;   [chaud,
Par la seule chaleur ta guérison est sûre,
Cela dit, la voilà qui procède à la cure
Du susdit mal, fait coucher promptement
Maître Colin bien chaudement
Entre deux draps, et va se mettre ensuite
A ses côtés, pour l'échauffer plus vite.
Admirable pouvoir du nouveau médecin !
Et combien la nature s'aide !
Plus ingénieux que Colin,
Le mal va s'appliquer au plus vite au remède.

Dirai-je plus? Colin se trouva bien du chaud,
La recette était douce, et plut si fort au sire,
   Qu'il eût voulu n'être guéri sitôt ;
   Car on croit bien, sans qu'il faille le dire,
   Que le remède opéra comme il faut,
   Par le secours de sa vertu cachée.
   Il ne s'en fut servi cinq ou six fois,
   Qu'adieu le mal. La dame en fut fâchée ;
   Trop bien voulait guérir le villageois,
   Et lui donner tous ses soins et son aide :
   Mais elle aurait désiré toutefois
   Qu'il eût toujours eu besoin de remède.
Cela ne se pouvait : au reste le manant,
   Pas si souvent que voulait la donzelle,
   Redevenait malade de plus belle.
      Lui chez la dame de courir,
      Elle aussitôt de le guérir,
      Tant et si bien que par la suite
Colin à son mari ne rendit plus visite :
Mari qui, devenu plus fort que le manant,
      Loin d'en tirer mauvais augure,
      Conte le cas à tout venant,
      Et se croit l'auteur de la cure.
      Messire docteur un beau jour,
Entouré de manans qui lui faisaient la cour,
Au sortir de l'église, ainsi qu'il est d'usage,
      Car c'était le coq du village,
   Par cas fortuit, au bout du carrefour,
      Aperçoit Colin sa pratique.
   Lors, se tournant vers la troupe rustique :
   Tenez, dit-il, le faisant arrêter,
Voyez-vous ce gros gars? il me vint consulter,
   Ces jours passés, pour une maladie,
   Puis le docteur, avançant quelques pas,
   Se met à leur conter le cas.
   Ne sais, dit-il, quelle est sa fantaisie,
      Avec son mal qui ne l'est point.
      Ah ! qu'un tel mal viendrait à point,
   Pour nos moitiés, à tous tant que nous sommes !
      Qu'en dites-vous, messieurs les hommes?

Car les garçons y sont assez sujets,
Et ne sont-ils, je gage, si benêts
Que chez moi de venir en chercher le remède ;
Pas n'ont recours, pour le sûr, à l'eau froide.
Disant ceci, notre convalescent
S'approcha d'eux tout doucement.
Lors le Docteur : eh ! bien, compère,
Dis-nous un peu comment va notre affaire ?
Tu ne viens plus me voir aussi souvent.
Notre maison... Ah ! ah ! dit le manant,
Vraiment, monsieur, madame votre femme,
M'a de sa grâce, un remède enseigné
Qui vaut bien mieux, de par mon âme,
Que la peste d'eau froide où me suis tant baigné.
C'est bien un autre bain, ma foi ; pour cette histoire,
Madame en sait plus long que vous.
Avec votre seau d'eau, vous vous gaussez de nous ;
Et moi bien nigaud de vous croire.
Vous n'êtes pas un grand docteur.
Or je suis votre serviteur,
Mais plus encore serviteur de madame.
Allons, c'est une brave femme,
Telle harangue aux assistants,
Pour le certain ne fut obscure.
Le plus bouché de nos manants
Comprit d'abord où gisait l'enclouure.
Du cercle villageois grands furent les éclats,
Chacun disant son mot sur un tel cas.
Le docteur vit fort bien qu'il était pris pour dupe,
Que, pour guérir le mal dont se plaignait Colin,
Une femme confond le plus grand médecin ;
Et que le chaperon doit céder à la jupe.

DE GRÉCOURT.

***

A LA COUR D'ASSISES

—

Une femme est accusée d'avoir voulu empoisonner son mari. Celui-ci, soigné à temps, en est revenu et assiste à l'audience.

— Qu'avez-vous à dire, pour votre défense? demande le président à l'accusée.

— Je suis innocente! je demande qu'on fasse l'autopsie.

LES CLYSTÈRES

Cloris, tandis qu'à votre père,
Diafoirus donne un clystère,
Vous en recevez un d'un jeune praticien.
Mais que ces anodins diffèrent l'un de l'autre!
Votre père à l'instant est délivré du sien,
Et vous ne le serez que dans neuf mois du vôtre.

BOURET.

D'UN MARI A SA FEMME

Une femme, assez âgée, se plaignait à son mari d'un rhume et d'une fluxion qui lui tombait sur l'épaule. Le mari, qui avait l'esprit assez subtil, lui dit :

— Ma mie, vieillesse est une étrange maladie; c'est une hôtellerie de langueurs, où il pleut par tous endroits; cela n'est rien, il ne s'en faut pas fâcher, car on dit communément qu'en vieille maison il y a toujours quelque gouttière.

— Oui bien, dit la femme, qui se plaignait de n'être pas assez caressée, quand elle est mal couverte, et qu'on ne monte pas souvent dessus pour boucher le passage à l'eau.

(Contes à rire.)

* *

LA PUCE ET LA SANGSUE

—

La puce un jour à la sangsue
Dit : Que le sort est inégal ;
Sitôt que je m'offre à la vue
On me pourchasse, l'on me tue.
Tandis que toi, de ton bocal,
Vite on t'appelle au moindre mal...
Également, d'une piqûre,
Nous tirons notre nourriture,
Pourquoi cet effet différent ?
Pourquoi ? dit la bête aquatique,
Faut-il donc que je te l'explique ?
Tant d'ignorance me surprend :
Je me gorge où tu bois à peine.

Ainsi pour qui prend peu l'on n'a que de la haine,
Et l'on comble d'honneur celui qui beaucoup prend.

* *

VALET OFFICIEUX

—

Boutard s'était si bien accoutumé à prendre des lavements, qu'il n'allait point où vous savez sans cela, ou du moins bien rarement. Il avait un certain laquais qu'il voulait chasser :

— Ah! monsieur, lui dit ce garçon, si vous saviez combien je vous ai épargné d'argent, vous ne me chasseriez pas! car souvent j'ai fait mes affaires dans votre bassin, afin que vous crussiez que vous aviez fait quelque chose, et ainsi je vous ai sauvé bien des clystères.

TALLEMANT DES RÉAUX.

*
* *

SYSTÈME DE COMPENSATION

—

Un vieillard étant hydropique,
Languissant, et prêt à mourir,
Les médecins du lieu mirent tout en pratique
Pour lui donner secours, sans pouvoir le guérir.
Il apprend qu'en certaine ville,
Éloignée d'environ trois lieues de chemin,
Étoit un médecin habile.
Il se mit en litière, et l'alla voir soudain.
Sa femme, jeune et belle, et d'un joli corsage,
L'accompagna dans ce voyage.
Le médecin étoit fort bien fait et vigoureux :
De la femme aussitôt il devint amoureux,
Et ne s'attacha qu'à lui plaire;
Enfin il fit si bien par ses soins, par son art,
Qu'en trois ou quatre mois il guérit le vieillard,
Le tirant pleinement d'affaire;
Et, dans le même tems étaut le favori
De la jeune et charmante dame,
A mesure qu'il fit désenfler le mari,
Par un plaisant retour il fit enfler la femme.

(Anecdotes de médecine.)

*
* *

LA MÉDECINE DES SEMBLABLES

—

— J'ai trouvé un excellent moyen de guérir ma gastralgie, en m'administrant à chaque repas une douzaine d'huîtres.

— Système homœopathique : *similia, similibus !*

*
* *

FINANCIER AVANT TOUT

—

Cinq ans après Waterloo, le baron de Rothschild fit une chute de cheval qui mit sa vie en danger.

Dupuytren accourut et fit une opération effroyable, après laquelle il crut pouvoir répondre des jours du financier; mais il ajouta qu'une émotion très violente pourrait le tuer net.

A peine Dupuytren eut-il dit ces mots qu'on lui apporta une lettre; il l'ouvrit en présence du baron et poussa un cri.

— Qu'y a-t-il? demanda M. de Rothschild d'une voix faible.

Le chirurgien, oubliant sa propre recommandation, s'écria :

— Le duc de Berry vient d'être assassiné à l'Opéra!

Et il se sauva.

Dupuytren n'était pas encore dans l'antichambre que le malade, la face livide, la tête enveloppée dans des linges ensanglantés, se soulève sur son lit, et avec ce qui lui reste de force, il s'accroche au cordon de la sonnette et le tire violemment.

De toutes parts on accourt :

— Vite ! s'écrie le baron, mes chefs de bureau ! que des courriers partent sur l'heure ! Le duc de Berry assassiné ! Il faut vendre ! il faut vendre !

Et, épuisé par ce suprême effort, il retombe lourdement sur l'oreiller.

A. WOLF.

FABLE

Mon docteur me disait : Voyagez, la jaunisse
Et le spleen passeront. Cherchez de l'agrément,
Visitez lacs, glaciers... — Mais je n'ai pas d'argent...

MORALITÉ.

— Pas d'argent... pas de Suisse !

LE BRANCARD

Dans l'église de Saint***, à Paris, un samedi soir, le curé de la paroisse était assis devant une table abondamment pourvue. Il se délectait des mets friands qui lui avaient été servis par sa bonne, jeune paysanne naïve, fraîchement débarquée de la campagne. Il était facile de voir que notre bonhomme était habitué à pareille chère, car il avait acquis un ventre énorme tel qu'il n'avait jamais osé le rêver.

Au beau milieu de son dîner, un violent coup de sonnette retentit à la porte du presbytère et la servante entra :

— Monsieur le curé, dit-elle, on vient vous chercher pour donner l'extrême-onction à un pauvre malade qui se meurt.

Le prêtre ne put retenir une grimace de mécontentement. Il se leva péniblement de son fauteuil et se disposa néanmoins à accompagner la personne qui était venue le chercher. Ils se mirent en route.

Sur le point d'arriver à la demeure du moribond, en débouchant dans une rue étroite et obscure, le curé se sentit soudain heurter au milieu du corps, par le brancard d'une de ces petites voitures à bras comme on en rencontre fréquemment sur le pavé de Paris.

Il ne put retenir un gémissement de douleur, mais, en chrétien, son cœur pardonna l'offense faite à son ventre; et le conducteur du véhicule, qui se confondait en excuses, put continuer sa route sans être autrement inquiété.

Après avoir rempli son ministère, il revint à l'église achever son dîner, froid maintenant, hélas!

Vers la moitié de la nuit, une douleur aiguë le réveilla. Le pauvre homme avait reçu réellement un rude choc. Aussi, dès le lendemain matin, envoya-t-il sa bonne chercher le médecin. Celui-ci, praticien émérite, examina le malade et conclut au peu de gravité du cas. Il se retira en disant au prêtre : « Vous n'avez qu'à frotter la partie endolorie avec un onguent dont voici la formule... »

Le curé envoya aussitôt sa bonne chez le pharmacien, puis il commença immédiatement à suivre l'ordonnance du docteur.

Mais si son ventre était gros, ses bras étaient courts, deux raisons pour lesquelles il eut grand peine à exécuter le traitement.

Tout à coup il eut une idée lumineuse :

Il appela sa bonne, villageoise naïve, nous le répétons, à qui il expliqua ce qu'il attendait d'elle. Bref, il la pria de lui rendre le service qu'il avait trop de mal à se rendre lui-même.

Elle accepta, et se mit sur-le-champ à l'œuvre...

Le curé, soit de douleur, soit de toute autre sensation, poussait des plaintes entrecoupées.

La servante, croyant ces soupirs arrachés par la souffrance, dit soudain à son maître :

— Prenez patience, monsieur le curé, v'là le brancard de la voiture qui sort !

(Le Monde plaisant.)

*
* *

A L'AMPHITHÉATRE

—

Sur la table de marbre un cadavre de femme ;
Des carabins autour. Un prosecteur entame
L'épiderme puant du ventre qui verdit,
Et, contemplant ce corps, tout à coup il nous dit :

« Tiens ! Mais c'est Ernestine ! Elle a cassé sa pipe.
Comment cela ? Voyons ! Disséquons. Un polype !
Si jolie autrefois est-elle laide ainsi !
Je n'aurais jamais cru la rencontrer ici.

Mais les temps sont si durs, si rare la pratique ! [chique.
Les hommes d'aujourd'hui sont plus mous qu'une
Nous n'avons plus de nerfs comme au temps des Gil-
Il n'est plus d'amoureux bâtis comme Faublas.   [Blas

— Bah ! dit un carabin, c'est la faute aux femelles
Si nous les délaissons, mon très cher, que font-elles
Pour se faire adorer, aimer, comme autrefois
On aimait les Ninon, les Lescaut. Rien, je crois.
L'amour ! Peu leur importe, il leur faut les richesses ;
Et de riches vieillards elles se font maîtresses.
Mais un beau jour le vieux dévisse son billard ;
Adieu les beaux écus. Laides alors, le fard
Ne peut cacher la ride et les affreuses traces
Qu'un amour dégoûtant imprima sur leurs faces.
Et la misère arrive, et la mort, c'est fatal,
Et les gueuses s'en vont crever à l'hôpital.

Telle est, mes bons amis, l'histoire d'Ernestine
Ma première maîtresse, une triste coquine.
Je l'aimais, la catin, comme on aime à vingt ans,
Mais ce premier amour ne dura pas longtemps
— Les carabins ne sont pas riches d'ordinaire, —
Et bientôt elle prit pour amant un notaire

*

Passez-moi des scalpels que j'enlève ses seins,
Ces seins qui me servaient autrefois de coussins,
Je les ferai tanner... J'aurai deux blagues chouettes
Pour mettre mon tabac avec mes cigarettes.

Maintenant, ouvrez-là, fit-il d'un ton moqueur
Pour voir ce qu'elle avait à la place du cœur.

P. MARTINET (*Les Amours d'un Carabin.*)

*
* *

LES SUITES D'UNE HYDROPISIE

—

A l'heure solennelle où le potage fumant va subir sa triste destinée sur la table du praticien, il y a quelques jours, une main fiévreuse fit palpiter ma sonnette et un inconnu effaré se précipita dans mon cabinet en bousculant ma servante qui avait envie de crier au voleur.

L'inconnu n'était point un voleur, mais un homme haletant et bien pressé.

— Venez, docteur, me cria-t-il d'une voix entrecoupée, venez de suite... avec moi... sauver la vie... à une jeune fille... hydropique... qui va mourir... elle perd son eau... et pousse des cris... à fendre l'âme...

—Et depuis combien de temps a-t-elle cette... fuite?

— Depuis midi, mais elle souffrait moins que maintenant.

Je suis peu crédule à l'endroit des jeunes filles hydropiques, cependant je compris que mon intervention pourrait être dans ce cas très promptement nécessaire, et je suivis l'inconnu rue X***, n° 23.

Je trouvai une jeune fille de seize ans, qui se tordait sur son lit en proie à de vives douleurs; une brave femme de mère en pleurs, un grand frère barbu, un autre moustachu formaient le fond du tableau.

Je ne m'étais pas trompé dans ma supposition. Après examen, je reconnus une hydropisie... âgée de neuf mois... et à terme. La présence de la mère m'inquiétait peu, une mère qui croit que son enfant va mourir a le pardon facile; les frères me gênaient davantage. Il y avait de l'émotion sur leurs figures énergiques, mais l'émotion pouvait, en pareille circonstance, céder la place à la colère, et je ne me souciais nullement de les avoir pour collaborateurs dans la petite opération que la nature semblait vouloir mener à bien toute seule.

La famille attendait pleine d'angoisses l'oracle que j'allais rendre. J'avais besoin de faire un prologue à la comédie qui allait se jouer; il fallait, avant tout, me débarrasser de la famille.

— Je réponds de la vie de cette malade, mais j'ai besoin de rester seul avec elle; veuillez vous retirer dans une autre pièce.

Un soupir de soulagement agita l'atmosphère; le frère moustachu ouvrit la marche un flambeau à la main, la mère prit une lampe pour le suivre, et le barbu, armé du bougeoir, forma l'ar-

rière-garde. Dans leur trouble, ils me laissèrent
à tâtons.

Aussitôt que nous fûmes seuls, la jeune fille
me dit :

— Vous croyez, Monsieur, que je n'en mourrai pas ?

— Mais non, l'enfant se présente bien.

— Quel enfant ?

— Parbleu, le vôtre, celui qui vous devra le
jour avant une demi-heure !

Avec une indignation bien sentie :

— Quelle horreur ! mais je ne suis pas enceinte ! vous vous trompez, Monsieur, c'est indi-
gne de m'accuser de pareilles choses.

Comme circonstance atténuante, je dois dire
qu'elle avait été soignée pendant cinq mois pour
une *hydropisie* par un prétendu médecin. Inutile
d'ajouter que je cherchai en vain le nom du
pseudo-docteur dans l'*Annuaire médical*.

— Mon enfant, nous n'avons pas du temps à
perdre à dire des choses inutiles, il faut vite
arranger un petit roman pour éviter le premier
choc de la famille.

— Mais c'est donc bien vrai ?

— Avant vingt-cinq minutes vous en aurez
probablement la preuve vivante.

— Oh ! mais alors... tuez-moi ! c'est impossible... je veux mourir..., etc., etc.

— Je dois vous dire, Mademoiselle, que je
suis crédule comme un bistouri, et que vous pro-

diguez en vain des talents dramatiques très remarquables. Le temps se passe et toutes vos dénégations seront étouffées par les cris de votre enfant... Vite au roman... Voici comment les choses se sont passées. C'était un soir, l'escalier était sombre, un homme vous a saisie...

— C'est vrai.

— Vous avez eu peur, la peur paralyse les forces; il a porté sur vous une main coupable.

— Oh! c'est bien vrai!

— Vous n'avez pas su vous défendre, vous vous êtes évanouie.

— C'est bien cela.

— En revenant à vous, vous étiez déshonorée!

— Oh! oui, Monsieur, c'est bien vrai tout cela.

— Eh! non, ce n'est pas vrai, mais il est nécessaire dans votre intérêt que vos frères croient à cette histoire; ils n'ont pas l'air d'entendre la plaisanterie, et le premier mouvement pourrait être difficile à arrêter.

La jeune fille comprit que la crédulité n'était pas ma vertu dominante, elle prit le parti de se taire et je fis rentrer la famille. Je débitai mon petit *speech*. Je racontai la chose avec tous les ménagements imaginables, avec toutes les précautions oratoires capables de faire naître l'attendrissement; la pauvre mère était prise, elle pleurait en embrassant sa fille. Les frères étaient immobiles et sombres; mon roman n'avait pas près d'eux un succès d'enthousiasme. L'aîné, le moustachu, un ex-lieutenant de spahis, poussa un effroyable juron.

— C'est X***, j'en suis sûr... le misérable, il faut que je le trouve.

— Partons, dit le barbu.

Et ils s'élancèrent comme une trombe à la recherche de X***.

Le sieur X*** ne m'inspirait qu'une médiocre commisération. Je devinai une séduction accomplie à la faveur des relations amicales avec la famille. Les frères étaient partis, mon but rempli, je me préoccupai beaucoup moins du reste. J'envoyai la mère à la recherche d'une layette et je restai seul avec la servante qui me parut être de moitié dans la confidence.

Une demi-heure après, on pouvait recommencer le mot de Charles X : il y avait un petit Français de plus. La mère et l'enfant se portaient bien. Je procédais dans une pièce voisine aux premiers soins que réclamait cet enfant de l'amour; tout à coup, je vis apparaître, par la porte entrebâillée, le profil d'une figure longue, blême et effarée. — Je sentis que cette tête appartenait au séducteur, il jeta autour de la chambre un regard timide, qui en sonda tous les recoins en un instant. Il n'était pas prévenu de l'événement et cependant il n'en parut pas surpris; il savait à quoi s'en tenir sur l'hydropisie et ses suites, peut-être un de ces zéphirs amoureux qui sont chargés de transporter sur leurs ailes le pollen

des fleurs, lui avait-il porté à travers l'espace les
premiers vagissements de son fils.

Le jeune homme blême fit deux pas en avant,
son œil d'un bleu pâle et terne s'arrêta sur moi,
je compris qu'il avait peur et qu'au moindre
mouvement il disparaîtrait au plus vite. Il est
des gens que malgré soi, à la première vue, on
compare à quelque chose : ce jeune Lovelace,
qui ressemblait à un pierrot mal désenfariné,
devint pour moi le sujet d'une comparaison fort
triviale. J'en demande pardon au lecteur, mais
je ne trouvais pas autre chose; il me fit l'effet
d'un lapin vidé.

— Entrez, Monsieur, lui dis-je, je crois que
vous n'êtes pas de trop ici, et que vous êtes
pour quelque chose dans ce qui s'y passe

— Hélas, oui! Monsieur, mais je vous assure...

— Quoi?

— Que ce n'est pas ma faute.

— Parbleu ! c'est la mienne, peut-être? Enfin
ce qui est fait est fait; voilà un enfant qui a
besoin d'un père, j'aime à croire que vous rem-
plirez votre devoir en galant homme.

— Oh ! Monsieur, c'est bien mon intention.

— L'enfer est pavé d'intentions excellentes;
à votre place, pour qu'on n'en doute pas, je
m'exécuterais sur-le-champ.

— Comment faire aujourd'hui ? Il est trop
tard, la mairie est fermée.

— On n'a pas besoin de tant de cérémonies

pour reconnaître son enfant, si vos intentions sont bonnes. Asseyez-vous là, prenez une plume, et écrivez ce que je vais vous dicter.

— Dictez.

« Je déclare être le père de l'enfant du sexe « masculin que mademoiselle Z... a mis au « monde aujourd'hui cinq mars mil huit cent « soixante. »

— Très bien, signez maintenant; cela suffit. Embrassez votre fils, embrassez la mère, et courez sans vous arrêter au chemin de fer le plus voisin.

— Pourquoi cela?

— Parce que les frères sont à vos trousses, et si le barbu a l'air furieux, le moustachu me semble exaspéré.

— Les frères le savent!!' (*De pâle il devint vert.*) Alors je suis perdu!

— Le fait est que la situation est tendue. C'est un motif de ne plus perdre de temps; partez.

— Je n'ai plus de jambes, docteur.

— Eh! eh! Voilà le quart d'heure de Rabelais qui va sonner; il faut solder la carte à payer du sentiment. — Eh! eh! jeune gandin, vous vous introduisez dans une famille honnête, vous séduisez une jeune fille bien élevée, histoire de passer le temps, et vous croyez que l'accident n'aura pas de suites! Pardieu! la chose serait commode, vous n'avez donc jamais vu les drames de l'Ambigu? Vous ne savez donc pas qu'il faut toujours à la fin des pièces que la vertu triomphe? Eh! eh! si je ne me trompe, la vertu ce n'est pas ici le gandin, vous avez deux remords, l'un barbu et l'autre moustachu qui courent après vous pour vous faire un mauvais parti, car ils vous massacreront, mon jeune monsieur. Je me connais en physionomie, et les deux frères ont la mine de gens qui vont tuer quelqu'un : au fait pourquoi se gêneraient-ils? Que voulez-vous qu'on fasse à des gens qui tuent l'homme qui a tué l'honneur de leur sœur? Eh! eh! eh! vous avez en ce moment une drôle de figure, et si les autres gandins vos amis pouvaient vous voir, ils seraient, pour quelque temps au moins, dégoûtés de courir la fillette, autrement que pour le bon motif.

— Ah! Monsieur, je vous en supplie, aidez-moi à sortir de ce mauvais pas.

— Il n'y a qu'un moyen, je vous l'ai indiqué, c'était le chemin de fer, mais vous avez perdu vos jambes; je ne puis cependant pas vous emporter sur mon dos, eh! eh! eh!

— Mais j'épouserai, j'épouserai, tout de suite si on veut.

— Il est un peu tard pour épouser tout de suite, la mairie est fermée, comme vous disiez tout à l'heure, et j'avoue que je n'ai pas qualité pour remplacer M. le maire et ses adjoints.

— Si je m'y engageais par écrit!

— C'est une idée, je ne sais trop ce que vaudra votre engagement, mais enfin ce sera toujours mieux que rien.

Il ajouta sur le papier qu'il venait de signer :

« Et je m'engage à épouser la demoiselle Z...,
« aussitôt que les formalités nécessaires seront
« remplies. »

Il était temps ; des pas rapides se firent entendre dans l'escalier, la retraite était coupée. Je me préparai à sauver au moins une des oreilles du Lovelace. Lorsque la porte s'ouvrit, il avait disparu. L'agitation d'un rideau m'indiqua dans quel terrier il avait cherché un gîte. Les frères jetèrent un regard de colère sur l'enfant.

— Nous ne l'avons pas trouvé, mais il viendra ici bien sûr ; nous le prendrons à la souricière, et nos comptes seront réglés en famille.

— Quand vous l'aurez tué, pensez-vous qu'il épousera votre sœur ?

— Lui, épouser ? allons donc !

— Qui sait ?

— Quand on veut épouser, on n'agit pas comme un gredin ; on parle à la famille.

— Tenez, lui dis-je, en lui tendant le papier, s'il ne parle pas, il écrit. Lisez.

— A tout péché miséricorde, dit la mère qui rentrait avec la layette.

Ils passèrent dans la chambre de la jeune mère que je n'avais pas voulu rendre témoin de ces péripéties dramatiques.

— Docteur, me dit le moustachu, c'est vous qui avez arrangé cela, je vous en remercie pour ma sœur. X*** vous doit un beau cierge, car si je l'avais rencontré, je l'éventrais comme un lapin.

Ma comparaison me revint donc à l'esprit et je me pris à rire. J'avais grand appétit et je partis retrouver mon potage en songeant que Lovelace était tombé sur une Clarisse beaucoup plus rusée que lui. X*** m'attendait dans la rue; il me remercia avec effusion.

— Jeune homme, la leçon a été rude, racontez-là à vos amis pour qu'ils en profitent. — Et ne placez jamais votre fils dans les zouaves : s'il ressemble à son père il ne ferait pas son chemin dans cette partie-là.

Un mois après, je recevais une lettre qui m'annonçait le mariage de M. X*** avec mademoiselle Z.

Dr JOULIN, (L'Événement.)

*
* *

LE PAIEMENT DU TALION

—

Un jour, Hahnemann, le patron des homœopathes, reçoit la visite d'un riche lord venu d'Angleterre pour le consulter, et, sans même écouter les explications du malade, il l'examine pendant quelques instants, l'ausculte; puis, lui passant sous le nez un flacon :

— Respirez ! dit-il. Bien, vous êtes guéri.

6.

L'Anglais, visiblement surpris, pose cette question :

— Combien dois-je ?

— Mille francs, répond le docteur.

L'insulaire, très calme, tire de sa poche un billet de cinquante livres, le passe sous le nez du docteur et dit :

— Respirez !... Bien !... vous êtes payé. Et il sort avec dignité.

**

SECRET POUR LA VUE

—

Avec une indignation bien sentie,

Un jeune gars s'accusait d'avoir pris
Le grand plaisir à qui tout autre cède.
Le confesseur lui dit d'un air surpris :
« Tison d'enfer ! quel démon te possède ?
Pouvant trouver dans le jeûne un remède
Contre la chair, te damner pour si peu ! »
L'autre répond qu'il a lu que ce jeu
Rend l'œil plus clair, les visières plus nettes,
« Eh ! gros butor ! reprit le moine en feu,
S'il était vrai, porterais-je lunettes ? »

J.-B. Rousseau.

**

L'HYGIÈNE AU BAL

—

Au dernier bal de la comtesse de L..., le fils de lord C..., un joli garçon blond un peu fadasse, faisait ses premiers pas dans le monde parisien.

La maîtresse de la maison le présenta successivement à toutes les invitées, mais le jeune insulaire se mit à flirter avec une grosse dame d'âge mûr et l'invita à danser une valse.

Après la valse, un quadrille, une polka ; l'Anglais ne quittait pas d'une seconde la matrone, qui ne s'était depuis longtemps trouvée à pareille fête.

— Mais, monsieur, lui dit la maîtresse de la maison en le tirant à part, pourquoi vous obstinez-vous à danser avec cette énorme dame, tandis que nombre de jeunes filles et de jolies femmes en sont réduites à faire tapisserie ?

— Oh ! je vais vous dire, le docteur avait recommandé à moa de transpirer beaucoup.

*
* *

TRIBULATIONS DU MÉDECIN PRATICIEN

CHANSON ÉLÉGIAQUE (1)

—

Refrain :

Le jour, la nuit, à tout venant,
La clientèle
Sans cesse nous harcèle !
Fils d'Esculape, ah oui vraiment,
Notre métier n'est pas divertissant !

(1) Chantée au banquet annuel de la Société anatomique.

Vite un docteur !
J'ai mal au cœur
Dit la lorette, en sortant de Mabille,
Vous, par la ville,
Allez soudain
D'un kilomètre arpenter le chemin !
Mouillé, transi,
Ou cramoisi
Lorsqu'essoufflé, vous explorez l'artère,
La bayadère
D'un bond subit
Lance un *renard*... en plein sur votre habit.

Le jour, la nuit, etc.

Ah ! sur sa couche
Ma femme accouche !
Hurle un mari qui s'en vient m'éveiller.
Vite en campagne,
De sa compagne
J'entends les cris du bas de l'escalier !
Lors, en posture,
De la nature
Je m'évertue à frayer le chemin...
Tout hors d'haleine,
J'ai, pour ma peine,
Avec l'enfant, un *bonbon*... dans la main !

Le jour, la nuit, etc.

Mais, j'en rougis,
Quand au logis,
Pour reposer dans mon lit je me glisse,
D'un maléfice
Sur moi jeté
Incessamment je me sens tourmenté !
De vingt camions
Les aiguillons
Lardant ma chair, prolongent mon martyre !
Faut-il vous dire ?

Non, par ma foi,
Quels animaux j'ai rapporté chez moi.

Le jour, la nuit, etc.

Déception !
L'illusion
Ce doux prestige est, pour nous, éphémère !
Le sanctuaire
Du dieu d'Amour,
Hélas ! nous le profanons chaque jour !
Sans decorum
Du speculum
Rappellerai-je ici la froide image
Et son usage.
(Quel contresens !)
Poussant ce tube... où se font les enfants !

Le jour, la nuit, etc.

Ah ! si du moins,
Nos doctes soins
Trouvaient partout leur juste récompense !
Mais quand j'y pense,
De nos talents,
Que de clients sont peu reconnaissants !
Si le malade
Fait sa glissade
En l'autre monde, haro sur les docteurs !
Mais qu'il guérisse,
Quelle injustice,
Dame Nature en a tous les honneurs !

Le jour, la nuit, etc.

Hélas, la Mort,
Frappe aussi fort
Sur nous, malgré que nous soyons en garde !
Car la camarde,
De nos succès

Nous tient rancune et se venge à nos frais !
Tel professeur
De son labeur
Enrichissait le temple d'Epidaure
Hier, encore,
Los (1) ! Aujourd'hui
Près d'un tombeau, nous pleurons tous sur lui !

Le jour, la nuit, etc.

Ça, mes amis
De nos soucis
Chassons d'ici l'attristante cohorte !
Et que la porte
Du restaurant
Reste bien close à l'importun client !
Chers associés
Que nos santés
Ici portées, aient droit de préséance !
Que l'assistance
Le verre en main,
Fasse mentir, aujourd'hui, mon refrain :

Le jour, la nuit, à tout venant,
La clientèle
Sans cesse nous harcèle !
Fils d'Esculape, ah oui vraiment,
Notre métier n'est pas divertissant.

Dr E. FORGET.

*
* *

UNE FUMISTERIE MÉDICALE

—

— Mon cher, me dit le docteur Violey, un de

(1) Vieux mot qui signifie louange.

mes bons amis, j'aurais mauvaise grâce à nier qu'il y ait de charmants garçons parmi les journalistes, mais je dois avouer qu'on en voit qui manquent quelque peu de savoir-vivre. Tenez, je me souviens d'un bon tour que j'ai joué dans ma jeunesse à un de vos confrères, arrivé depuis à une situation très prospère.

J'étais alors interne à l'hôpital Necker.

Un de mes collègues nous amena un jour, à la salle de garde, un rédacteur de je ne sais plus quel journal satirique, bohème de la plus belle eau, toujours à l'affût de ce gibier si rare dans leurs domaines qu'on appelle un déjeuner. Nous lui offrimes de partager le nôtre sans façon, ce qu'il accepta d'ailleurs avec la meilleure grâce du monde.

Le repas fut très gai. Le journaliste, plein d'esprit et de saillies burlesques, nous amusa énormément de ses théories paradoxales que je retrouvai plus tard, il est vrai, dans Schopenhauer, mais dont alors nous lui attribuions la paternité.

Enchanté probablement de la façon courtoise avec laquelle nous l'avions reçu, il revint le lendemain à l'heure propice, puis le surlendemain, puis les jours suivants, toujours aussi amusant, mais de plus en plus ponctuel.

Bref, il prit l'habitude de venir déjeuner régulièrement tous les jours, payant royalement son écot avec la monnaie de son esprit.

Un matin, un des internes insinua :

— Dites donc, il devient embêtant, le plu-
mitif. Il est atteint de cramponite aiguë, savez-
vous. Qu'il vienne de temps en temps, très
bien, mais tous les jours…

— Eh mais ! fis-je, si tout le monde est de
cet avis-là, il faut nous en débarrasser. C'est ton
affaire, Darly, c'est toi qui l'as amené.

— Impossible, mon cher, je lui ai des obligations.

— Ah ! ah ! et lesquelles ?

— Ah ça ! cela ne vous regarde pas.

La porte s'ouvrit soudain. C'était lui. Nous
fûmes, ce jour-là, à peine aimables, strictement
polis. Pourtant, après déjeuner, comme s'il n'a-
vait rien vu, notre hôte nous dit : à demain.

— Je crois, pardieu bien, cria quelqu'un,
qu'il se moque de nous. C'est un affreux fumiste ;
mais à fumiste, fumiste et demi ; — fumis-
tons-le.

— Oui, mais comment ?

— J'ai mon idée, leur dis-je, laissez-moi
faire : je vais lui préparer, pour demain, une
petite farce de ma façon qui nous en débarras-
sera, je vous assure.

— Voyons cela.

— Non, demain.

— Alors, disons comme lui : à demain.

Le lendemain, à l'heure du déjeuner, comme
tout le monde était réuni, lui compris, on
frappa tout à coup à la porte.

C'était une fille de salle.

— On demande monsieur Violey à la salle Sainte-Marie, dit-elle.

— Qu'est-ce que c'est?

— Une femme qu'on vient d'amener. Elle a été mordue par un chien enragé; on lui a mis la camisole de force, et on vous attend pour... l'*opération*.

Et elle souligna mystérieusement ce mot.

Je sortis.

Un quart d'heure après, j'étais de retour.

— Eh bien, fit le bohème?

— Bah! c'est fini, elle est guérie.

— Déjà? je croyais pourtant qu'on n'avait encore rien trouvé pour guérir de la rage.

— Pardon, mon cher monsieur, nous avons ici à Necker un petit procédé qui ne manque jamais son effet.

— Je serais curieux de le connaître, fit l'autre, si toutefois il n'y a pas d'indiscrétion...

— Oh! mon Dieu, c'est bien simple : nous mettons la malade entre deux matelas, nous exerçons une forte pression sur celui de dessus, et... (là je fis un geste significatif) c'est l'affaire d'un quart d'heure.

— Ah! fit le journaliste, qui devint très pâle, n'est-ce pas un peu... barbare...

— Mais non, puisque c'est pour les empêcher de souffrir.

Un quart d'heure s'écoula. Nous avions repris notre conversation un moment interrompue, plaisantant férocement sur ce traitement, si commode, de l'hydrophobie. Seul notre homme était morose, taciturne ; il mangeait du bout des dents, avec effort, comme pour l'acquit de sa conscience.

On frappa de nouveau à la porte.

C'était encore l'infirmière.

— Monsieur, deux nouveaux enragés, un homme et un enfant. Il paraît que le chien a fait de nombreuses victimes.

Je la suivis, en pestant très fort contre les imbéciles qui me dérangeaient ainsi en plein repas.

Quand je revins au bout d'une vingtaine de minutes, le pauvre bohème, exsangue, m'interrogea silencieusement du regard.

— Encore deux d'expédiés, dis-je très froidement en mordant à belles dents dans une aile de poulet. L'enfant, ça n'a pas été long, mais l'homme avait la vie d'un dur !... Il a fallu nous y mettre à quatre.

Le journaliste avait repoussé son assiette pleine.

Livide, l'œil atone, il nous considérait avec un effarement qui prenait les proportions de la terreur la plus folle.

Pensez donc, des gens qui faisaient aussi bon marché de la vie de leurs semblables !

— Tiens, vous ne mangez pas, remarqua Darly, qu'avez-vous donc ? Vous êtes vert, mon cher ami.

— Oui, je me sens un peu indisposé. Je vais vous demander la permission de vous quitter.

Et il saisit son chapeau et sortit précipitamment.

Un immense éclat de rire salua ce dénoûment.

Nous ne le revîmes jamais.

Darly, qui eut de ses nouvelles, nous apprit
qu'il en avait fait une maladie; mais je vous assure qu'il n'appela aucun de nous pour le soigner.

Pour relation conforme :
Léo Trézenik.

*
* *

FABLE

—

A son amant,
Une aimable et jeune personne,
Donna la gale en l'embrassant.

MORALITÉ.

La façon de donner vaut mieux que ce qu'on donne.

*
* *

DIALOGUE MARSEILLAIS

—

— Mon père, quelles sont ces chèvres qu'elles
paissent sur les montagnes?

— Mon fils, ce sont les chèvres dont les riches de Marseille ils boivent le lait d'ânesse.

* *

LES EAUX DE CONTREXÉVILLE

—

Air : *A ma Margot du haut en bas.*

Contrexéville, endroit charmant,
Je veux chanter ton agrément ;
Car les buveurs, jeunes et vieux,
Rendent un culte à tes beaux lieux.

Quoique plus d'un pauvre se glisse
Près du visiteur attristé,
Et change ce lieu de délice
En dépôt de mendicité..,

Contrexéville, etc.

Vingt monceaux de paille pourrie,
De son quai sont les ornements,
Et des senteurs d'une écurie
L'air se parfume à tous moments.

Contrexéville, etc.

Et quels concerts, quelle musique !
La *cane* y fait le *contralto*,
Le *coq* est un *ténor* unique,
Et le *bœuf*, quel *primo basso !*

Contrexéville, etc.

On n'y voit point de ces coquettes
Que poursuivent des étourdis ;
On a les vaches pour lorettes,
Dont les taureaux sont les dandys.

Contrexéville, etc.

A ce tableau champêtre, aimable,
Un chrétien peut s'édifier ;
Il pense au Christ en son étable,
Ou bien à Job sur son fumier.

  Contrexéville, etc.

Voici des choses plus joyeuses,
Des *pierreux*, des *goutteux* tortus,
Et même on y voit des *pierreuses*
Pleines de grâce et de vertus.

  Contrexéville, etc.

Au jardin, de façon palpable,
L'homme peut juger, pièce en main,
Que tout n'est que poussière et sable,
Malgré l'orgueil du genre humain.

  Contrexéville, etc.

Là, plus d'un guerrier vénérable,
Se replaçant sur son terrain,
Traite un sujet inépuisable,
Le fameux passage du Rhin...

  Contrexéville, etc.

D'un vieux galant la voix cassée
Crie en buvant : — Fils de Paphos,
Ah ! fais que ta flèche émoussée
Pour moi se retrempe à ces eaux !

  Contrexéville, etc.

Mais Vénus, près des sources fraîches,
Rit bien souvent, d'un air narquois,
Quand l'Amour, qui n'a plus de flèches,
Pense y retrouver son carquois.

  Contrexéville, etc.

La promenade est recherchée,
Plus d'une est agréable à voir ;
Mais n'allez pas à *la tranchée*...
Lorsque vous craignez d'en avoir.

Contrexéville, etc.

Accueillez ma chanson nouvelle,
Pardonnez-moi, gens scrupuleux,
Si, dans ce pays de gravelle,
J'ai fait des couplets graveleux.

Contrexéville, etc.

La critique un peu loin m'entraîne...
Avec justice et loyauté,
Disons que des gens, par centaine,
Viennent y boire la santé.

Contrexéville, endroit charmant,
Je veux chanter ton agrément ;
Car les buveurs, jeunes et vieux,
Rendent un culte à tes beaux lieux.

CARMOUCHE.

*
* *

REMÈDE POUR LES HÉMORROIDES

Une demoiselle enjouée, aimable autant que belle, disant les choses naturellement et avec beaucoup de vivacité d'esprit, reçut un jour une visite assez nombreuse, tous jeunes gens de l'un et l'autre sexe. Cette belle avait ce jour-là une petite gale à la lèvre qui l'incommodait si fort, qu'elle avait de la peine à parler, et encore plus à rire, aussi ne faisait-elle ni l'un ni l'autre que le moins qu'elle pouvait. Comme elle faisait ses excuses à la compagnie, fondées sur la douleur qu'elle ressentait lorsqu'il lui fallait remuer les lèvres, un cavalier, qui l'aimait, et qui n'en était pas aimé, lui dit en plaisantant qu'il avait un remède infaillible à lui donner, et qu'elle en sentirait l'effet sur-le-champ. — Ce remède est, mademoiselle, dit le cavalier, que vous trouviez bon que je vous applique un baiser sur la partie malade. — Voilà, répondit froidement la demoiselle, un remède excellent pour les hémorroïdes.

(Contes à rire.)

* *

LA SAINT-COME

—

Air : *Quand la mer Rouge apparut...*

Puisque notre saint patron,
    Messieurs, nous convie;
Qu'à Meaux on trouve union,
    Table bien servie;
Qu'ici règnent liberté,
Egalité, fraternité,
    Chantons gais amis,
    Ici réunis,
      De Damain (1),
      Le cousin
    Que l'almanach nomme
    Le bienheureux Côme.

(1) Pour Damien, licence poétique et exigence de la rime.

Pour fêter ce grand patron,
        Aimables confrères,
Vidons encore un flacon,
        Et choquons nos verres.
Puissions-nous, tous, l'an prochain,
Fêtant saint Côme et Damain,
        Libres de souci,
        Savourer ici,
            Fin moka,
            Gloria,
Mais pas d'sirop d'gomme,
Pour boire à saint Côme.

En ce beau jour oublions
        Les doctes formules
De juleps, de potions,
        D'onguents, de pilules :
Rien n'égale le vieux vin,
Ce doux nectar, ce jus divin,
        Même le sirop,
        Même l'*illico*,
            Même un looch
            Fait *ad hoc*,
Si c'n'est la rogomme
Pour boire à saint Côme.

De *Grignou* on peut vanter
        Le vin délectable ;
Buvons, avant de quitter
        Cette sainte table,
A notre cher président,
Buvons à de Saint-Amant,
        Puis à Charpentier,
        Notre trésorier,
            Houzelot,
            Martinot
Vous qu'à Meaux on r'nomme,
Buvons à saint Côme.

Buvons à ces vétérans
        De notre science,
Juifs, Chrétiens ou Musulmans,
        De Grèce ou de France ;
Hippocrate et Machaon,
Celse, Galien et Zénon,
        Stoll, Stahl, Bartholin,
        Tissot, Van Swieten,
        Sydenham,
        Jean Huxam,
Broussais, Enrard Home,
Brown et frère Côme.

Puisque que les bons capucins,
        Jadis, sans scrupules,
Ont aux lubriques humains
        Cédé leurs cellules ;
Messieurs, quel louable effort
A fait l'aimable Ricord,
        En quittant Paris,
        Ce vrai paradis,
        Son salon,
        De Tournon,
(Qui jamais ne chôme),
Pour fêter saint Côme.

Côme, pour nous priez Dieu,
        Et tous les apôtres,
Qu'il nous loge en son saint lieu,
        Tout comme tant d'autres :
Loin de nous le choléra,
Peste, typhus *et cætera*,
        Abcès, fluxions
        Ou luxations,
        Eczéma,
        Ecthyma,
Ostéo-sarcôme,
Invoquons saint Côme.

Dr CORLIEU.

7.

***

LA RIMOMANIE

—

Hier est mort, à l'hospice Beaujon, un pauvre diable du nom d'Hervé Dranc, qui a eu, il y a sept ou huit ans, une espèce de célébrité comme improvisateur. Il donnait des séances à l'Alcazar ou à l'Eldorado, si je m'en souviens bien.

Depuis il avait couru la province, mais il paraît que la guerre avait considérablement nui à la poésie, car ses bénéfices furent bien maigres ; si bien qu'il y a un mois il est entré à l'hôpital.

Sa mort a présenté un détail curieux. Il avait le délire :

— Allons, dit le médecin, je reviendrai le voir ce soir.

Ces deux mots de consonnances identiques, frappèrent mécaniquement l'oreille de l'improvisateur mourant, et il lui sembla, dans sa fièvre, qu'on lui jetait, comme autrefois, des rimes pour faire des vers dessus, car au bout d'un instant de silence, il déclama d'une voix sifflante :

Une dernière fois elle s'en vint me voir,
Et mon cœur se brisa ce soir, ce triste soir !...

— Le délire empire, dit le docteur sans s'apercevoir que c'étaient là deux rimes nouvelles...

Après un nouveau moment de silence, le mourant reprit de sa même voix saccadée :

Depuis ce soir mon âme est en proie au délire,
Et plus je vais, hélas ! plus ma souffrance empire.

Puis il fut pris d'un hoquet, et cette bizarre et navrante agonie se termina un quart d'heure après.

(*Le Gil Blas.*)

*
* *

LA FIN D'UN RÊVE

A L'INSTAR DE FRANÇOIS COPPÉE

—

Je la voyais dès l'aube assise à sa fenêtre,
Un peu pâle, jolie, et l'ignorant peut-être ;
Les rideaux entr'ouverts montraient son fin profil,
Et le petit doigt blanc qui relevait le fil
Avec un geste brusque. Elle travaille, active,
Elle est pauvre, sans doute : or il faut bien qu'on vive.
Et je la vois parfois sourire en contemplant
Sur son poing minuscule un petit bonnet blanc
Tout mignon, qu'elle coud d'une aiguille fiévreuse.

Et moi, j'imaginais toute une histoire heureuse :
Un amant qu'on adore, et qui revient très tard
De son travail, et puis... et puis un gros moutard
Qu'une bonne nourrice élève à la campagne,
Dans un hameau perdu de la basse Bretagne.
Un gros gars qui vient bien, et qui coûte déjà,
Mais dame, savez-vous qu'il a grandi ? Voilà
Qu'il va sur ses trois ans, ma foi, c'est presque un homme.
Puis il est si gentil ! C'est André qu'on le nomme,
Du nom de son papa. C'est pour lui, le bonnet,

Le beau bonnet tout neuf, à jour, en cordonnet
Qu'elle termine en hâte...

                              Et puis chassant mon rêve
Comme un ballon d'enfant qu'un coup de vent enlève,
La portière m'apprit en bavardant, un soir,
Que le petit bonnet était un suspensoir.

                                   LÉO TRÉZENIK.

*
* *

LES MOTS DANS LE LATIN

BRAVENT L'HONNÊTETÉ

—

L'empereur Léopold était malade de la fièvre
et, selon la coutume d'alors, le médecin ordonna que l'on fermât hermétiquement la
chambre afin qu'il n'y entrât aucun rayon de
lumière. Un matin, venant visiter son malade,
le médecin fut fort embarrassé : il ne put trouver le bras de l'empereur. Celui-ci, qui aurait
cru déroger à l'étiquette en l'offrant, laissa
quelque temps le médecin tâtonner sous la cou-
verture : enfin, il crut l'avoir trouvé. Déjà il
comptait les battements; quand Sa Majesté,
pour le tirer de sa méprise, lui dit du ton le
plus majestueux :

« *Hoc est membrum nostrum imperiale sacro
cæsareum !* »

Dᵣ F. LABARTHE, (*Le Médecin praticien*).

*
* *

L'ESTOMAC

—

Ce n'est pas tout de manger et de boire,
  S'il en faut croire
Certain dicton tourné comme un refrain.
Je n'en connais ni l'auteur ni la date :
  Est-ce Hippocrate,
Ou Désaugiers, ou Brillat-Savarin ?

  Voici ce dicton populaire,
  (C'est de l'homme que l'on parlait)
  « Dites-moi comment il digère,
  Et je vous dirai ce qu'il est. »

C'est, en effet, l'estomac qui te mène,
  Machine humaine,
Qu'un grand ressort anime et fait mouvoir.
S'il marche mal, l'horloge la meilleure
  Ne sait plus l'heure
Et prend toujours le matin pour le soir.

  L'estomac dirige la tête,
  Et la pensée est un ruisseau
  Qui prend sa source dans la bête
  Pour se filtrer dans le cerveau.

Selon l'état du corps qui la voit naître,
  Elle peut être
Triste ou riante alors qu'elle jaillit,
Pareille à l'eau qui va calme ou rapide,
  Trouble ou limpide,
Selon le sol où s'est creusé son lit.

  Connaissez-vous un hypocrite,
  Un bilieux au teint cuivré,
  Vous connaissez une gastrite
  Dans un appareil délabré.

Les mécontents, les pointus et les aigres,
Espèces maigres,
Tristes engins, pauvres tempéraments !
L'ambition, la fureur des richesses,
Lourdes espèces,
Grands appétits et mauvais instruments !

Voyez, au contraire, cet homme
Qui rit et chante en un taudis,
Rouge et poli comme une pomme :
Il digère, je vous le dis.

Il sent toujours germer dans sa poitrine
La fleur divine,
Fleur de gaité qui s'ouvre avec le jour !
Il est heureux d'un rayon qui l'enivre,
Heureux de vivre,
Enclin au bien et dispos à l'amour !

Soignons ce précieux viscère
Comme la prunelle des yeux ;
Le rétablir, c'est nécessaire,
L'entretenir, cela vaut mieux.

Certain mari, gouverné par sa femme,
Un jour réclame
L'autorité : signe d'échauffement !
Un purgatif rétablit l'équilibre,
Et, l'esprit libre,
Il redevient mouton en un moment.

L'estomac, c'est l'homme lui-même,
C'est par là qu'on nous a légué
L'esprit malsain et le teint blême,
Ou le teint clair et le cœur gai.

Hier, un pinson me lançait sa roulade.
« Mon camarade,

Lui dis-je alors, te voilà bien joyeux ! »
Il répondit dans sa trille légère :
            « L'oiseau digère
Mieux que personne ; il doit donc chanter mieux ! »

G. NADAUD.

*
* *

HISTOIRE D'APOTHICAIRE

—

Plâtreux comparaît aujourd'hui devant la Cour. Le motif nous en est donné par la *Gazette des Tribunaux* :

Il est entré chez un pharmacien (et vous allez voir que ceci nous reporte au temps de Molière); là, on lui demande ce qu'il désire. Or, ce qu'il désirait était bien autrefois de la compétence de M. Diafoirus, mais a, depuis très longtemps, cessé d'être administré par ses successeurs. Vous voyez d'ici l'accueil fait à ce client d'un autre âge, par l'élève pharmacien, blessé de ce qu'il croyait être une mystification voulue, alors que la demande était faite avec une entière bonne foi, au dire du moins de Plâtreux.

M. le Président. — Vous avez donné un soufflet à un pharmacien dans l'officine duquel vous êtes entré. Vous aviez commencé par une plaisanterie de mauvais goût ?

Le prévenu. — Mon président, pour ce qui est du goût, croyez bien que ça n'était pas le mien ; étant depuis longtemps très patraque, que

l'estomac n'allait plus du tout, et des coliques !…
enfin, qu'on me dit : va donc à la consultation.
Donc, pour lors, je vais à la consultation. Le
médecin me dit : — Qu'est-ce que vous avez ?
Je lui réponds.—Je ne sais pas.—Moi non plus,
qu'il me dit. Alors je lui conte comme quoi
l'appétit n'allait pas du tout et des coliques qui
me coupaient la gueule à vingt pas.

M. le Président. — Tâchez de vous exprimer
plus convenablement.

Le prévenu. — Enfin des coliques qui me tor-
tillaient : — C'est bon, il me dit. C'est de l'échauffement ; vous faut des bains et des lavements et
ça se passera. — C'est bon, je m'en vas, me disant : Des bains, c'est peut-être cher, vu que
j'en ignorais le prix. Je parle de ça à ma sœur
qui est domestique dans une bonne maison ;
alors elle me dit : — Il y a monsieur qui prend
un bain tous les jours à dix heures ; viens à onze
heures, quand il a fini ; tu te mettras dedans
après lui…

M. le Président. — Voyons, arrivez donc au
fait !

Le prévenu. — Bon ; ayant mon affaire pour
les bains, je vais donc, pour l'autre chose, chez
le pharmacien…

M. le Président. — Vous étiez ivre.

Le prévenu. — Oh ! au moins ; mais mon
président, je vous assure que j'y allais bon jeu

bon argent, ayant toujours cru qu'on avait ça
chez les apothicaires, et que j'ai demandé ça
très poliment. Alors le jeune homme me traite
de goujat, de pochard, et me prend par le bras
pour me bousculer àfla porte. — Je lui disais : Je
ne vous ai pas fait de sottises, pourquoi que
vous me bousculez? C'est donc de là que voyant
qu'il me fichait dehors comme si j'étais un rien
du tout, même un malfaiteur, que je lui ai posé
une simple gifle.

Le témoin entendu confirme le fait et recon-
naît que le prévenu n'avait l'air ni goguenard,
ni provocateur.

Le prévenu. — Je vous dis : bon jeu bon argent; je croyais que ça se faisait, foi d'homme;
pensez! étant veuf, j'ai pas chez moi ce qu'il
faut pour ça...

Bonne foi admise, il n'en reste pas moins le
soufflet donné également de bonne foi.

D'où condamnation à 50 francs d'amende. Et
voilà un homme qui apprend aujourd'hui seulement la disparition d'un usage de nos grands-
pères.

*
* *

PAR-DEVANT NOTAIRE

—

Par-devant maître Amour, notaire au pays bleu,
Ont comparu, suivant usage dudit lieu,
Sieur Jehan du Moulin, écolier en Sorbonne,
Très assuré docteur ès faculté; mignonne

Et gente demoiselle Agnès de Poussepain,
De bonne vie et mœurs, mais sans métier certain,
Lesquels ont déclaré, par volonté commune,
Unir pour un printemps leurs biens et leur fortune
Dont l'inventaire suit, par nous dûment dressé,
A savoir : Un logis quelque peu lambrissé
Immédiatement sous les tuiles faîtières,
Avec vue alentour sur toutes les gouttières ;
Une table boiteuse et tout ce qui s'ensuit :
Un lit, et ce qu'il faut pour peu dormir la nuit ;
Un éclat de miroir cloué sur la muraille ;
Un tableau figurant une antique bataille ;
Un flacon au long col, coiffé d'un éteignoir,
Bouteille le matin et chandelier le soir ;
Quelque chose ayant l'air d'une bibliothèque
Et différents objets sans valeur intrinsèque,
Le tout constituant l'avoir particulier
Dudit sieur du Moulin en tant que mobilier.
La demoiselle Agnès, en ce qui la regarde,
Apporte les trésors de sa beauté mignarde,
Le gentil capital de ses dix-huit printemps,
Et le rire éternel de ses trente-deux dents :
Item, de longs cheveux couleur de grain d'avoine,
Des yeux de velours noir à damner saint Antoine,
Et maints appas secrets dont nous aurions voulu
Nous-même constater la valeur *de visu*,
Faute de quoi passons sous silence audit acte.
Interrogés tous deux quant à la somme exacte
Des apports pécuniaires de chaque contractant,
Ont déclaré ne pas avoir un sou comptant
En dehors de châteaux sis aux pays d'Espagne,
Et d'espoirs fondés sur un oncle de Bretagne,
Lors avons demandé promesse aux deux conjoints
De suivre, respecter, observer en tous points
Les saints commandements de la loi naturelle
Concernant les devoirs d'une foi mutuelle,
Tels que fidélité, bons soins, et cætera,
Et de s'aimer autant que faire se pourra.
Tous deux nous répondant de manière conforme,
Les avons déclarés unis, sans autre forme,

Et les avons requis, en vertu de la loi,
A signer en cet acte, afin de faire foi.
Ledit sieur du Moulin a posé son paraphe;
Et demoiselle Agnès, moins forte en orthographe
Qu'en matière d'amour, a, pour légaliser,
Approuvé d'une croix et scellé d'un baiser.

A. MASSON (*Le Moniteur de la polyclinique.*)

** **

PATAQUÈS

DIALOGUE ENTRE CONCIERGES

—

— Figurez-vous, *Mame* Pitois, que la maison
est un véritable hôpital : le locataire du premier
a un *ermite* (hernie) dans l'aine; celui du troisième a une *bronchique qu'a pris l'air* (bronchite
capillaire), on lui met de la teinture d'*homme*
(d'iode) entre les deux *armoires plates* (omoplates),
on lui a donné du sirop *de pépins cuits à Naples*
(d'ipécacuanha), il suce toute la sainte journée
des *bastilles* de *Nantes* (pastilles de menthe),
pour des gaz qui lui remontent dans le dos entre
cuir et chair, et il boit une *effusion* de *quate* fleurs
avec du sirop de *scapulaire* (capillaire), de la
teinture d'*agonie* (aconit) et de l'*obélisque* (lobélie);
enfin, le locataire du *cintième* a le *durillon très
mince* (delirium tremens) compliqué de la fièvre
six fois huit (typhoïde) et il a aussi de la *Picardie*
(péricardite) au cœur. Il paraît que ça va très

mal, même qu'il a des *Oscars* (escharres) au fondement.

— Eh bien chez nous, Mame Pipelet, il n'y a que le *propliétaire* de malade. Ça a d'abord commencé par des compères *lorgnons* (loriots), puis il s'est froissé le *tendron de la Chine* (tendon d'Achille) dans l'escalier et il a été pris en même temps d'une attaque de goutte *asiatique* (sciatique). Le médecin lui a fait faire de l'*idiothérapie* (hydrothérapie); il lui fait prendre de l'*Austerlitz* (eau de Sedlitz) et de l'huile d'*Henri cinq* (de ricin), il lui donne des *portions* à rendre *triples* et *boillaux;* il l'a *cicatrisé* (cautérisé) avec de la *surface* (sulfate) de cuivre, de la *mitraille* (nitrate) d'argent, de l'*encaustique* (du caustique) de Vienne; on lui a mis des *cataplasses z'humiliants* (émollients) avec de l'*eau d'anum* (laudanum); on l'a frictionné avec du baume de *Paul de Kock* (Opodeldoch); on lui a appliqué des *vessies grattoires*, même qu'il en a eu une *prétention* (rétention) d'urine... eh bien, tout ça a servi comme un cautère sur une jambe de bois!

.

NOTE A PAYER

—

Lorsque vous consultez un docteur-médecin
Qui vous tâte le pouls et prescrit du ricin,
Et qui, s'il est galant, tendrement vous pelote,
Mademoiselle, il faut toujours payer la note.

Or donc, l'autre matin, vous m'avez consulté,
Je vous ai fait tirer la langue, et j'ai tâté
Votre pouls... Aujourd'hui, il me faut un salaire,
Vous me le donnerez, sans rechigner, j'espère.

Le paiment désiré, ce n'est pas de l'argent...
Ce qu'il me faut à moi qui suis très exigeant
C'est votre blanche main, vos seins et votre bouche
Que je voudrais presser sous un baiser farouche.

P. MARTINET, (*Les Amours d'un Carabin*).

COUPEROSE

Toi qui veux railler sottement
De ce nez de couleur de roses,
Tu seras berné hautement
Si tu ne juges mieux des choses.
Crois-tu que ce beau coloris,
Qui t'est un sujet de mépris,
N'ait compté que peu de journées?
Non, non : cet ouvrage divin
Est l'ouvrage de vingt années,
Et de quatre cents muids de vin.

DE BREBEUF.

UNE CONQUÊTE DE DARWIN

Un jour, l'illustre savant reçoit une longue
lettre timbrée d'Allemagne et contenant, après
un éloge dithyrambique du génie de l'auteur de

l'*Origine des espèces*, une... demande formelle en mariage.

A cette singulière missive était jointe une photographie représentant une femme d'un certain âge, ou mieux d'un âge trop certain, à l'œil rêveur et aux charmes débordants.

L'auteur de cette curieuse lettre, qui se déclarait « bas bleu », ajoutait, sans doute pour tenter le grand savant, qu'elle possédait une fortune très rondelette. Elle terminait en priant le célèbre naturaliste de lui envoyer, avec sa réponse, sa propre photographie.

Darwin, croyant à une mystification, s'apprêtait à jeter la lettre au panier, quand un de ses amis, auquel il venait de communiquer ce « document humain », le pria de le lui confier.

L'ami de Darwin se mit à correspondre d'une façon suivie avec la romanesque Allemande. Il se trouva que la demande de cette assoiffée du mariage était on ne peut plus sérieuse.

Le bas-bleu teuton se déclarait enchanté des lettres brûlantes que lui adressait le faux Darwin et terminait en réclamant de lui avec insistance la photographie déjà demandée.

Le fils d'Albion jugea alors que la plaisanterie avait assez durée et prit le parti d'y couper court par une fumisterie violente.

Il prit une photographie, qu'il mit sous enveloppe à l'adresse de l'Allemande, en écrivant au dos :

« Puisque vous y tenez, je vous envoie

l'image, hélas! trop flattée, de celui qui vous aime pour la vie. »

Or, ladite image représentait, suspendu par la queue à une branche d'arbre, un superbe mandrille.

Ce que la romanesque Allemande a dû verser de larmes!

(Le Réveil.)

ÉPIGRAMME

M. l'archevêque étant à Conflans depuis quelques jours, à l'occasion d'une tumeur fistuleuse dont on le croit atteint au podex, les plaisants ont fait l'épigramme suivante. On s'adresse à Moreau, son chirurgien :

> Moreau! quelle est ta gloire et ta vocation?
> Le ciel t'a réservé pour cette occasion :
> Il anime ton zèle et ton patriotisme;
> Par toi s'opérera ce grand événement,
> Ton bras sapera sourdement,
> Le fondement du Fanatisme.

(Mémoires secrets de Bachaumont.)

TESTAMENT INGÉNIEUX

Arlequin trouvait que les hommes avaient tort de faire leur testament de la manière qu'ils le faisaient. Ils laissent, disait-il, tous leurs biens aux uns et aux autres après leur mort : c'est le vrai moyen que leurs héritiers souhaitent de les voir enterrer pour posséder l'héritage. Là-dessus il me dit un jour à la promenade qu'il avait connu un prieur gascon, homme d'esprit, qui pendant une maladie dangereuse avait fait un testament d'une maniére bien différente : il avait mis que s'il mourait il ne laissait rien à ses va- lets, mais que s'il revenait en santé, il léguait à celui-là telle somme, à celui-ci tels meubles. Ce testament, ajouta-t-il, pensa coûter la vie au prieur, car chaque valet, pour avoir son legs, était toujours au chevet de son lit, malgré qu'il en eût, et ils lui rendirent tous des services si continuels, et quelquefois si peu nécessaires, qu'ils pensèrent le tuer de l'envie qu'ils avaient de lui faire recouvrer la santé.

COTTOLENDI.

*
* *

AU MÉDECIN D'UNE BELLE

—

Raymond, c'est donc vous qui traitez
Ce modèle parfait de toutes les beautés,
La trop inhumaine Sylvie.
Chaque jour ses rigueurs causent mille trépas :
A des peuples entiers vous sauveriez la vie,
Si vous ne la guérissiez pas.

DE CAILLY.

*
* *

IDIOTIES

—

D. Quelle différence trouvez-vous entre un carabin distrait et un miroir ?

R. Le miroir *réfléchit* sans *penser*, et le carabin *panse* sans *réfléchir*.

D. Quelle différence y a-t-il entre un député et un médecin ?

R. C'est que le premier, à l'opposé du second, évite avec soin tout ce qui ressemble à une *personnalité*.

D. Comment faites-vous pour avoir chaud en hiver ?

R. Je loue un appartement dans lequel se trouve une pièce avec deux fenêtres et trois portes ; je les ouvre toutes et j'ai cinq ouvertures (*cinq couvertures*). Ou bien j'achète un petit buste de Bonaparte en plâtre, je lui casse un bras, et j'ai un Bonaparte manchot (*bon appartement chaud*).

D. Quelle est la maladie qui rend l'homme le plus féroce ?

R. Le rhume, parce qu'un homme enrhumé dit : « Massacrez tout (*ma sacrée toux*). »

D. Quel est l'insecte qui a le plus de dispositions pour la musique ?

R. C'est la sangsue, parce qu'elle fait des ouvertures de *Beethoven*.

D. De quels gants faut-il se servir pour n'avoir pas à craindre la vermine?

R. De *longs gants gris*.

D. Quel est le rhum le meilleur pour les lombagos?

R. Le *rhum à reins*.

D. Que dit un homme qui se promène après avoir bien mangé?

R. Il *dit... j'erre*.

D. Pourquoi les gens enrhumés gagnent-ils constamment aux cartes?

R. Parce qu'ils ont de *la toux*.

*
* *

A UN JOURNALISTE ENNUYEUX

—

Ta prose a des vertus puissamment laxatives :
Grâce à son grand format, par bonheur, le journal
    Où s'étalent tes invectives
    Met le remède auprès du mal.

Frère JEAN.

*
* *

LE PLUS DIFFICILE DES CALEMBOURS

—

Deux individus, grands faiseurs de calembours, dînaient ensemble, il y a quinze jours, chez un restaurateur du Palais-Royal. A la fin du repas l'un d'eux dit à l'autre :

— Je te parie que je fais un calembour sur le premier mot que tu diras en sortant de table.

— Je parie que non.

— Je parie que si.

— Le prix du dîner ?

— Va pour le dîner.

Le calembouriste attend de pied ferme.

L'autre cherche le mot le plus difficile, et, enfin s'approchant de la fenêtre, il dit : Il pleut.

— Eh bien, *chicot*.

— J'ai perdu.

Une troisième personne, témoin de cette scène, ne put comprendre le jeu de mots qu'après avoir cherché dans son dictionnaire ; elle y trouva la définition du mot *chicot*, reste de dent.

— Ah ! dit-elle, il pleut, reste dedans. Voilà des gaillards bien spirituels.

* *

LE POULS

—

Je ne repose point quand tout le monde dort,
Mon agitation est sensible et palpable ;
Et des forces du cœur messager véritable,
J'en fais aux médecins un fidèle rapport.

Lorsque je suis trop faible ou que je suis trop fort,
La nature en reçoit une peine semblable ;
De mes dérèglements l'issue est redoutable,
Mes mouvements divers durent jusqu'à la mort.

Je reçois de la fièvre une force nuisible,
Et bien que dans tous sens je sois un insensible,
Je me laisse émouvoir aux passions d'autrui.

J'abandonne le corps de qui l'âme est ravie,
Et marque le moment des heures de la vie,
Vivant avec le cœur et mourant avec lui.

***

STRATAGÈME

—

Le cardinal de Bar, Napolitain, avait un hôpital à Verceil, dont il tirait fort peu de profit, parce qu'il avait beaucoup de malades à entretenir. Il envoya un jour l'intendant de sa maison pour en recevoir les rentes. Cet officier, voyant un nombre prodigieux de malades qui consumaient tout le revenu de son maître, s'avisa de ce tour. Il se déguisa en médecin, et fit assembler tous les malades, visita leurs plaies, et leur déclara qu'on ne pouvait les guérir qu'avec un onguent de graisse humaine. « Il faut donc, leur dit-il, que dès aujourd'hui vous tiriez au sort entre vous à qui sera cuit dans l'eau bouillante pour le salut de tous les autres. » A ces mots, tous les malades, effrayés, vidèrent incessamment l'hôpital.   POGGE (*Les Faceties*).

* *

ÉPIGRAMME

—

Quoi! mille francs pour ma vérole?
Disait Dubois à son frater;
Frétillon (1), pour beaucoup moins cher,
A fait cent tours de casserole (2).
— Eh donc! répliqua le Keyser,
Sandis! c'est un exemple unique :
La belle, alors, de tout Paris
Était la meilleure pratique.
J'aurais dû la traiter gratis;
C'était l'espoir de ma boutique.

(Mémoires secrets de Bachaumont.)

* *

AVENTURE PLAISANTE

D'UN COCHER-MÉDECIN QUI SE DÉGOUTE
DE LA MÉDECINE

—

M. Helvétius a eu l'art de s'enrichir et d'acquérir une grande réputation. Son cocher, qui admirait les richesses que la médecine, comme une pierre d'aimant, attirait chez son maitre, voulut aussi s'aimanter de cette science. Il lui dit sa pensée. Le médecin, étonné de cette idée,

(1) Surnom de Mlle Clairon.
(2) *Faire un tour de casserole*, est une locution familière qui signifie : subir un traitement antivénérien.

8.

lui demanda quelles dispositions il avait. — Je serais bon maréchal, répondit le cocher, je connais parfaitement le tempérament de vos chevaux, et je leur donne de bons remèdes quand ils sont malades. — Voilà qui va bien, dit le médecin, mais les hommes ne sont pas comme les chevaux. — Je soutiens, dit le cocher, qu'un médecin de chevaux est plus habile qu'un médecin d'hommes; je ne puis pas interroger mon cheval, il faut que je devine son mal, et vos malades vous disent ce qu'ils sentent. D'ailleurs, il ne s'agira, à l'égard des hommes, que de diminuer la dose des remèdes que je donnais à mes chevaux. N'ai-je pas ouï dire qu'un habile maréchal devint, en Suisse, un habile médecin? Après tout, je sais connaître le pouls : si vous avez, poursuivit-il, un peu de charité pour moi, vous ferez ma fortune, en prônant mes talents, mon mérite; au lieu de m'annoncer comme un médecin ordinaire, vous n'aurez qu'à dire que je suis un médecin indien; menez-moi seulement deux ou trois fois avec vous; j'observerai ce que vous faites, et je serai après cela votre singe.

Le médecin feignit de se rendre; il forma le dessein de se divertir de son cocher. Voici la pièce qu'il lui joua. Il le fit habiller en médecin, et le mena chez une dame de ses amies qu'il avait prévenue. Ils trouvèrent la dame au lit : d'abord le médecin lui tâta le pouls, l'interrogea, lui fit tirer la langue, et lui demanda com-

ment étaient ses déjections; il les visita, et les
goûta même (c'étaient des confitures liquides et
noires qu'on avait mises dans le bassin). Après
tout ce cérémonial, il jugea que la dame était
bien malade; il ordonna des remèdes. Je vous
enverrai, lui dit-il, monsieur, qui est un habile
homme; il a exercé la profession dans les Indes
orientales, et a des remèdes singuliers. La dame
ouvrait de grands yeux sur le personnage, et
feignait de l'admirer. Notre cocher indien était
transporté de joie, comme le loup d'Ésope, à
qui le chien avait promis un sort heureux; il se
figurait une félicité, qui, ainsi que le dit La
Fontaine, le faisait pleurer de tendresse.

Le lendemain, il alla voir la malade; il copia
mot à mot le rôle qu'il avait vu faire; quand il
fut à l'article des déjections, il n'oublia pas de
les goûter; ce n'était plus des confitures, mais
de la matière, à qui Sganarelle de Molière, à
l'exemple des médecins, donne l'épithète de
louable, et qu'Arlequin ne trouve guère digne
de louange. On n'a jamais fait dans les Indes
orientales ni occidentales une plus horrible
grimace que celle que fit alors le cocher travesti
en médecin; il se récria furieusement sur le
goût affreux des déjections, et il jugea que la
maladie était mortelle; il se retira plein de colère, sans ordonner aucun remède:

— Monsieur, dit-il, dès qu'il vit son maître,
j'aime encore mieux être un pauvre cocher, que
d'être un médecin bien riche, obligé à tâter des

déjections; me voilà saoûl de la profession de médecin pour le reste de mes jours.

(Bibliothèque amusante.)

**

MAQUILLAGE

—

Quel âge a cette Iris dont on fait tant de bruit ?
Me demandait Cliton naguère.
Il faut, dis-je, vous satisfaire :
Elle a vingt ans le jour, et cinquante ans la nuit.

De Brebeuf.

**

GRAVE QUESTION

—

Peut-on ordonner, en conscience, et sans enfreindre les lois de l'Église, un lavement nutritif au Liebig à un malade qui veut faire maigre le vendredi ? Telle est la grave question que nous avons entendu discuter sérieusement au lit d'un malade par un médecin et par un prêtre. Le médecin plaidait pour la négative et le religieux pour l'affirmative. Celui-ci s'appuyait sur ce qu'aucun texte précis ne laissait entrevoir cette prohibition, et il rappelait à ce sujet que le Père jésuite Théophile Reynaud avait passé une grande partie de sa vie à éplucher les préceptes de l'Église, afin de décider si, en temps de jeûne et d'abstinence, il est permis de prendre un lavement au jus de viande. Mais, hélas! ce savant est mort sans avoir pu trouver une solution, et la question, comme on le voit, est toujours en litige.

*
* *

SONNET MÉDICAL

LE CATAPLASME

—

Flaccidité, tiédeur, mollesse humide et douce!
Cataplasme douillet, topique velouté,
Trésor de bonhomie et de sincérité,
Tu caresses encor la main qui te repousse!

Que tu sois de fécule ou de graine de lin,
Que l'opium t'arrose ou que le chloroforme
Apporte dans tes plis l'apaisement énorme,
Tu t'appliques toujours consolant et câlin.

La batiste t'abrite en sa trame serrée.
En dépit du tissu, ton cœur médicinal
S'imprègne avidement de sauce enfiévrée.

A travers le rideau du confessionnal
Ainsi le prêtre vient, onctueux et banal,
Éponger les aigreurs de notre âme ulcérée!

Dr GEORGES CAMUSET.

*
* *

GALERIE PATHOLOGICO-HISTORIQUE

—

ABÉLARD. — Principal acteur d'un dramevaudeville intitulé : *Les Jeux de l'Amour et du Rasoir*. Débuta comme *premier rôle*, pour finir comme *inutilité*. D'où vient que son cas fasse pleurer les dames, lorsque celui de tous ses collègues les fait rire ? A seul réalisé dans l'histoire ce type invraisemblable : *l'eunuque à femmes*.

ABRAHAM. — L'inventeur de la fatuité. — Prit à quatre-vingt-cinq ans une seconde femme, sous prétexte que la première était stérile. Cela lui réussit... Parbleu !... il connaissait tant de monde !

ALACOQUE (Marie). — Pieuse hystérique qui, pour mieux confondre ces affreux matérialistes, a imaginé l'adoration d'un viscère. — Nous devons à son invention, brevetée à Rome, le plaisir de contempler tout le long de la rue Saint-Sulpice ces malpropres statues de plâtre badigeonné qui exhibent un morceau de chair tout dégouttant de sang. — C'est ça qui donne une crâne idée du spiritualisme clérical.

ALSACE. — Ah ! oui, il avait raison le brave vieil invalide qui prétendait qu'on pouvait avoir mal à sa jambe coupée !

ANACRÉON. — L'Aristée des cantharides.

ARCHIMÈDE. — Plus connu sous le nom de *Monsieur Euréka*. Faisait savoir à ses concitoyens qu'il venait de faire une découverte nouvelle en s'élançant hors de son bain et en courant tout nu dans les rues. — C'est sans doute de peur d'être victimes d'une semblable distraction que tant de savants ont, de nos jours, rompu toute relation avec la propreté.

AUGUSTIN (Saint). — Bambocheur célèbre, chez qui *ne plus pouvoir* passa pour *ne plus vouloir*. La gastrite canonisée sous le nom de sobriété.

BERCHOUX. — Poète qui avait pour devise : « Les grandes pensées viennent du ventre. »

BORDEAUX. — Illustre ville qui a donné son nom à des vins fameux. — Oncques on ne vit une mère reconnaître autant d'enfants étrangers.

CAMPÊCHE. — Le plus productif de tous les vignobles.

CHAMPAGNE (Vin de). — N'ayant jamais rien entendu à la chimie, je passe.

CHARLES X. — Ce n'est pas lui qui aurait dû rédiger des *Ordonnances*, en 1830. — C'est son médecin.

CIRCONCISION. — Opération de laquelle est résultée une relique, vénérée des dévotes. — C'est se prosterner bien bas.

COLOMB (Christophe). — Illustre navigateur qui découvrit l'Amérique. Est, assure-t-on, de la part du docteur Ricord, l'objet d'une vénération spécial...iste.

DALILA. — Celles d'autrefois coupaient les

cheveux, celles d'aujourd'hui les font tomber. Changement de métal : mercure au lieu d'acier.

DELILLE. — Ses vers déroutent complètement l'anatomie. — Plus de chevilles que de pieds.

EMPÉDOCLE. — Si ce philosophe s'est vraiment jeté dans l'Etna, c'est lui l'inventeur de la crémation.

FERRONNIÈRE (La belle). — Honnête personne célèbre pour la façon dont elle figura dans un morceau à trois parties, qui se termina pour François Ier non par un *couac*, mais par un *couic*. — On prétend que c'est elle qui, en mémoire de cet incident, inventa la figure du quadrille appelée la *Chaîne des Dames*.

FRANÇOIS Ier. — Bambocheur à couronne dans les cascades duquel la France faillit se noyer. — Mourut d'un ricochet. — On assure que ses dernières paroles furent : « Cet animal de Christophe Colomb avait bien besoin de découvrir l'Amérique ! »

LALANDE (De). — Astronome fameux. — On prétend que quand au milieu de son travail il se sentait des tiraillements d'estomac, il avalait deux ou trois araignées sur le pouce. — Ce goût a étonné les gobe-mouches.

LAZARE. — Un joli cas de catalepsie dont Jésus-Christ joua en virtuose du trompe-l'œil.

MACON. — Nom donné à des millions de bouteilles de vin qui n'ont jamais su seulement où la Bourgogne était située. — Nom de baptème, bien entendu.

MALTHUS. — Statisticien anglais qui enseignait l'économie... conjugale, en disant, à l'encontre de l'Évangile : « Ne laissez pas venir les petits enfants. »

MATHUSALEM. — Vous voyez bien que c'est le tabac qui abrège la vie humaine. — Mathusalem ne fumait pas !

MERCURE. — Ce dieu avait jadis sous son patronage le commerce et l'éloquence. — Les modernes y ont ajouté l'amour.

PRIAPE. — Dieu dont les fêtes se célébraient jadis en public et ne se célèbrent plus aujourd'hui qu'en particulier. — Mais, soyez tranquilles, il n'y a rien perdu.

PIERRE VÉRON.

(*La Mascarade de l'Histoire*) (1).

* * *

UN MAL INCURABLE

Il est un mal secret qui vous ronge, madame :
Un incurable mal rageusement souffert,
Que vous cachez à tous, mais que j'ai découvert
Et qui vous épouvante, ô vous que rien n'entame.

(1) E. Dentu, éditeur.

Et voyez-vous, j'exulte à vous dire cela,
Oui, vous changez en vain médecin et remède,
En vain vous appelez poudre et rouge à votre aide,
Le temps, qui guérit tout, aggrave ce mal-là.

Votre désespoir tente une lutte impossible,
Et le destin est là, qui vous montre, inflexible,
L'heure qui pour vous sonne à l'horloge du Temps :

Car ce mal si secret, je m'en vais vous le dire :
C'est affreux, je le sais, mais j'adore médire,
Oui, votre mal secret, ce sont vos *quarante ans !*

Léo Trézenik.

L'ANE RETROUVÉ

Jadis le pays de Bourbonnais était renommé pour ses bonnes et plaisantes aventures. On s'y ressouvient encore d'un certain maître Jean qui passait dans tous les villages du canton qu'il habitait pour un célèbre médecin. Aucune maladie, disait-on, ne pouvait résister à ses ordonnances ; et cependant, pour les guérir toutes, il n'ordonnait que les mêmes drogues en pilules ou en clystères. Si vous aviez mal à la tête ou aux jambes, à la poitrine ou aux reins, l'ordonnance était toujours un clystère ou des pilules ; et ce qu'il y avait de singulier, c'est qu'on guérissait. Sa renommée s'accrut si fort, qu'on venait à lui pour toutes les maladies, et que non

seulement on le consultait comme habile médecin, mais même comme devin et sorcier.
Advint qu'un jour un paysan bien bonace,
bien simple, ayant perdu son âne dans la foire
du village, s'adressa à lui, afin d'en avoir des
nouvelles. Il était alors entouré de beaucoup de
monde, et, dans le dessein de se débarrasser
d'un pareil importun, il dit à ceux qui l'aidaient
ordinairement dans ses opérations : « Donnez
un clystère à ce bonhomme, et il retrouvera
son âne. » L'ordonnance fut aussitôt exécutée,
au grand étonnement du rustre qui, jusque-là,
avait ignoré ce que c'était qu'un lavement. Il
paya, et ne demanda pas son reste, comptant
qu'en arrivant à sa chaumière son âne s'y trou-
verait.

A peine fut-il à quelques pas du village,
qu'une colique assez forte l'obligea de s'arrêter
auprès d'une vieille masure, à l'effet de se débarrasser d'un fardeau qu'il ne pouvait plus retenir sans danger. Le bruit que fit cette opération parvint jusqu'aux oreilles de l'âne qui,
s'étant égaré, se reposait derrière un buisson. Il
se mit à braire ; son maître, enchanté, lui répondit et courut à lui. Ils se reconnurent tous
deux avec joie et depuis il ne fut pas possible
de persuader au bon paysan que ce n'était pas à
l'efficacité du clystère qu'il devait le bonheur
d'avoir retrouvé son âne. La réputation du médecin s'accrut de moitié dans le pays par cette
aventure ; et, pendant longtemps, l'on eut re-

cours à ce remède pour retrouver les choses perdues (1).

(Bibliothèque amusante.)

* *

ÉPIGRAMME

—

Antoine feint d'être malade
Pour montrer comme il est chez soi,
Couché dans un lit de parade
Plus riche que celui du roi ;

Et que sa chambre est embellie
De tableaux venus d'Italie,
Et de chandeliers de cristal.

Si l'on veut trouver le remède
De la fièvre qui le possède,
Qu'on le couche à l'hôpital.

MAINARD.

* *

BRAVE SŒUR

—

Mathurin Legros n'a pas de chance.

Il aimait pourtant bien la Victoire ; mais la Victoire est capricieuse, et, dame... que voulez-vous ! les artilleurs sont sujets, comme les autres, aux désagréments de la guerre... Il fallut le transporter à l'hôpital.

---

(1) La scène de Crispin, médecin d'Auteroche, est tirée de ce conte, bien plus ancien que cette comédie.

Là une opération fut jugée nécessaire. Mathurin hésitait; mais voyant que cela ferait plaisir au chirurgien, qui semblait le supplier, ce brave artilleur dont la bonté était sans exemple, et qui se serait volontiers, comme on dit, *coupé le derrière en quatre* pour un ami, se résigna. On le mit sur le dos et crac... un cri. Et ce fut tout.

La sœur de service accourt à ce cri et s'empresse auprès de Mathurin, qu'elle cherche à consoler...

— Que vous a-t-il fait le major?

— Une amputation!!

— Rien n'est triste comme la perte d'un membre, ajoute la bonne femme.

Et la voilà qui s'informe.

— Vous avez dû bien souffrir...

— Oh! oui, ma sœur!

— Allons, consolez-vous; je vous soignerai bien, et dans un mois, il n'y paraîtra plus... on vous en mettra une en bois.

(Contes grivois.)

*
* *

PENSÉES... SAUVAGES

—

— Les cheveux poussent sur la tête; sur la soupe, ils repoussent.

— Il vaut mieux suivre la femme de son médecin que son ordonnance.

— Si le vin donne de l'esprit, ce n'est jamais que de l'esprit de vin. J. GÉRARD.

— Le mot de cordonniers vient de ce qu'ils donnent des cors. VOITURE.

— Certaines pommades sont dites *fondantes*, parce qu'elles fondent là où on les applique. — Il n'y a d'anthrax *malin* que pour les chirurgiens qui ne le sont pas. VELPEAU.

— La saison *des thés*, c'est l'hiver.

— La chimie, c'est ce qui pue. NADAR.

— On dit toujours : « Qui voit ses veines voit ses peines. » Pourtant il est bien certain que les gens qui ont des peines n'ont pas de veine !

— La punaise est un animal qui n'aime pas qu'on lui jette de la poudre aux yeux.

— Un ongle incarné qu'on ne soigne pas peut devenir un ongle à héritage.

— Les femmes hystériques sont des machines à vapeurs.

— Quand la femme d'un chirurgien est dépensière, on peut dire que son mari *panse* et qu'elle *dépense*.

* * *

RÉPARTIE DE FONTENELLE

—

Comment a-t-on perdu l'aimable Séraphine,
Que suivaient sur la scène et l'amour et les ris,

L'idole enfin de tout Paris ?
Minois piquant, voix, geste, intelligence fine ;
Des dons les plus brillants c'était un abrégé !
La petite vérole a fait ce coup funeste !
    C'est du public prendre congé
    D'une manière bien modeste !

*
* *

SYNONYMES DU LAVEMENT

—

Clystère. — Remède. — Bouillon pointu. — Irrigation. — Médicament humide. — Un indiscret. — Une flûte. — Un zig. — L'adjudant, en terme de régiment. — Mademoiselle Lancelot. — Ce qui ne peut pas se donner par devant notaire. — Explication de Bébé en montrant un irrigateur : « Ça c'est pour donner à boire à tutu. » — S'administrer une confidence ; (parce que c'est difficile à garder). — Description poétique du clyso :

L'instrument dont le bec, jaillissante fontaine,
Fouille les profondeurs de la nature humaine.

*
* *

LES BOUES DE SAINT-AMAND

—

Voulez-vous connaître les lieux
    Des bains que je fréquente ?
Leur aspect enchante les yeux
    Par sa grâce charmante.

Voyez, au bord d'une forêt,
  Ombreuse promenade,
Ce bâtiment propre et coquet,
  A la blanche façade :
C'est notre hôtel, c'est le logis
  Où madame Grégoire
Sert chaque jour, à divers prix,
  Le manger et le boire.
En face, derrière un jardin,
  Une vaste rotonde :
C'est là que chacun prend son bain
  Dans la vase profonde.
Soixante-huit compartiments,
  Garnis de colonnettes,
D'où pendent des rideaux flottants,
  Clôtures peu discrètes ;
Dans chaque case un trou béant
  Plein de bourbe noirâtre :
Voilà de notre traitement
  L'agréable théâtre.
Mesdames et messieurs, venez ;
  N'ayez aucune crainte ;
Et, domptant vos sens étonnés,
  Pénétrez dans l'enceinte.
Allons, courage ! et prestement
  Otez bas et culotte :
Il ne faut pas perdre un moment
  Pour entrer dans la crotte.
Il est vrai que ce trou boueux
  N'a rien qui vous attire,
Que son aspect noir et visqueux
  Ne prête pas à rire ;
Il est vrai que ça ne sent pas
  Le jasmin ni la rose,
Et que le nez des délicats
  Aimerait autre chose. —
Mais, baste ! l'on se fait à tout :
  Il suffit qu'on commence.
Pour guérir, on va jusqu'au bout :
  Entrez donc dans la danse.

Debout ! en place ! Tout est prêt !
    Déjà la bassinoire
A dûment chauffé le baquet
    Et sa mixture noire.
Dans le cataplasme bourbeux
    Voici le brave Alphonse,
Qui, par un effort vigoureux,
    Vous pousse et vous enfonce.
Pour glisser leurs membres raidis
    Dans l'immonde piscine,
Les dames ont, outre Anaïs,
    La blonde Joséphine. —
Pour chasser le virus malsain,
    Les humeurs délétères,
Il faut rester dans le pétrin
    Deux heures tout entières. —
Durant ce repos ennuyeux
    Que faire en sa baignoire ?
On peut toujours, faute de mieux,
    Causer, manger et boire.
Si l'on n'enfonce qu'à mi-corps,
    Heureuse est l'aventure.
On peut, ayant les mains dehors,
    Faire quelque lecture.
Si l'on est pris jusques au bras,
    Le bain parfois assomme :
On peut alors, sans embarras,
    Risquer un petit somme.
Même on a droit de faire pis :
    Nul n'y voit dans la fange.
D'ailleurs on dit que le pi...
    Engraisse le mélange.
De monsieur Beaufort, par moment,
    La voix plaintive et lente
Entonne du bon saint Amand
    La complainte dolente.

Bon saint Amand, tu vois nos pleurs ;
    Sois-nous propice :
Si tu mets fin à nos doule rs,

Dieu te bénisse !
Alleluia, Dieu te bénisse !

Tantôt, le bon monsieur Sturbois,
  Maître de brasserie,
Nous conte en langage patois
  L'histoire de sa vie.
Parfois, nous tenant en éveil,
  Un jeune et frais visage,
Semblable au rayon de soleil
  Qui perce le feuillage,
Ou tel qu'un ange radieux,
  Tombé du ciel sur terre,
Égaie au charme de ses yeux
  Notre retraite austère.
Que devez-vous penser de nous,
  Aimable jouvencelle ?
Nous avons l'air de vrais hiboux
  Blottis dans la flanelle ;
Fagotés comme des magots,
  Des Turcs qu'on montre en foire,
Aperçus de face ou de dos,
  C'est toujours même histoire.
Non jamais de conteurs plaisants
  La faconde burlesque
Ne décrivit en aucun temps
  Spectacle plus grotesque. —
Et maintenant, il faut sortir
  De notre purgatoire.
Dieu ! quel tableau ! C'est à frémir :
  C'est à ne pas y croire. —
Quel est l'étrange mannequin
  Qu'a vomi la baignoire ?
Qui saurait voir un être humain
  Dans cette masse noire ?
Des divers membres le dessin
  S'y cache à l'œil perplexe ;
Lorsque l'on sort d'un pareil bain,
  On n'est plus d'aucun sexe.
Adieu les formes, les appas

Dont la femme est si fière ;
Phryné pour lors ne vaudrait pas
 Mieux qu'une charbonnière.
La jeunesse y perd ses attraits ;
 Sa grâce enchanteresse
S'y montre sous les mêmes traits
 Que ceux de la Vieillesse.
Quand ce visqueux caparaçon
 A votre corps adhère,
Fussiez-vous un charmant garçon
 En tous lieux sûr de plaire,
Fussiez-vous plus beau qu'Apollon,
 Qu'on voit au Belvédère,
Avec vous seigneur Cupidon
 Ne ferait pas affaire.
Vénus, voyant son Adonis
 Sous cette crépissure,
N'eût eu que froideur et mépris
 Pour sa triste figure.
Hélène, apercevant Pâris
 Sous cet enduit noirâtre,
Eût senti son cœur moins épris
 De ce lâche bellâtre ;
Si Diane avait pris son bain
 Dans cette confiture,
Actéon, s'enfuyant soudain,
 N'eût pas eu sa ramure.
Un tel spectacle eût fait gémir
 L'ardente Messaline ;
Il eût suffi pour amortir
 Sa fureur libertine.
Pourquoi m'étendre en tels propos ?
 Achevons notre histoire.
Reste à décrire en quelques mots
 La scène épuratoire.
Sur les poignets s'arqueboutant
 On s'enlève, on se hisse
Hors de l'emplâtre résistant.
 Voici le corps qui glisse ;
Des employés, à ce moment,

La main obséquieuse
Vous prête avec empressement
  Son aide officieuse ;
Sur le bord du noir cabanon
  Assis en cul-de-jatte,
Du poignet jusques au talon
  On vous frotte, on vous gratte.
On râcle, on pousse avec la main
  La glu qui vous encroûte,
Et l'on rejette dans le bain
  Le limon qui dégoutte.
Chacun doit rendre et rencuver
  La vase précieuse ;
Il est interdit d'en garder
  Rien pour sa blanchisseuse.
Bientôt, couvert d'un long peignoir,
  Une chaise roulante
Qu'un garçon pousse et fait mouvoir
  A vos yeux se présente ;
On vous y renverse, et soudain
  La bruyante machine
Au fond d'un cabinet voisin
  Lourdement s'achemine.
Là, c'est un bain qui vous attend,
  Et son eau pure et claire
Pour vous laver incontinent
  Fera le nécessaire.
Lorsque le bain tiède a fondu
  La gluante teinture,
On sort heureux d'être rendu
  A l'humaine nature ! ! !
Quand on a fait vingt jours et plus
  Ce charmant exercice,
Comme en rien il ne faut d'abus,
  On part avec délice.
Mais quel sera le résultat
  D'un aussi long supplice ?
Après ce métier de forçat
  Est-il sûr qu'on guérisse ?
Je n'en sais rien. Mais, croyez-moi,

Tout arrive en ce monde.
De mes voisins voici sur quoi
    L'opinion se fonde.
Les disciples de saint Thomas,
    Qui ne veulent rien croire,
Réclament toujours quelques cas
    De guérison notoire.
La boue a, m'ont-ils dit tout bas,
    Une vertu magique
Contre les maux — que l'on n'a pas,
    C'est un remède unique.
Mais voyez le Docteur Isnard :
    Tout autre est son antienne :
« Pour guérir les gens tôt ou tard,
    « La vraie eau, c'est la mienne.
« Mon bain n'agit pas au hasard ;
    « Sa force sans pareille
« Sur le gros orteil d'un César
    « Jadis a fait merveille.
« Sauvé par elle, on vit Boufflers,
    « La chose est bien certaine,
« Lancer sa canne dans les airs,
    « En quittant la fontaine.
« Goutteux, perclus et contrefaits,
    « Tentez l'expérience ;
« Venez éprouver les effets
    « De cette autre Jouvence.
« On n'en sort qu'avec guérison.
    « Quiconque a des béquilles
« Les laissera dans la maison
    « Pour en faire des quilles. »

Dirai-je les amusements
    Dont ce séjour abonde ?
On y trouve pour passe-temps
    La paix la plus profonde.
La paix, c'est bien — mais c'est trop peu
    Pour un pauvre malade.

Il faudrait encor quelque jeu,
Quelque plaisir moins fade.
Le jardin réclame un tonneau,
Un crocket et des quilles
Qui puissent, quand le temps est beau,
Egayer les charmilles.
Le salon voudrait des journaux,
La *Mode* et ses gravures,
Des albums, des romans nouveaux,
Quelques caricatures.
Mettez des fleurs, des arbrisseaux
Dans vos pelouses nues,
Des bancs moelleux sous vos berceaux
Et dans vos avenues.
Il serait bon d'avoir tout prêt
Un break, une voiture,
Qui permit d'aller en forêt
Admirer la nature.
Sans quoi pour combattre l'ennui
Et pour se mettre à l'aise,
On ira, chaque après-midi,
S'amuser chez Thérèse.
On dit le nouveau Directeur
Désireux de bien faire ;
D'embellir au gré du baigneur
Sa maison solitaire.
Qu'il marche donc avec entrain !
Et pour payer son zèle,
Je lui garantis l'an prochain
Nombreuse clientèle.

*
* *

DE PLUS FORT EN PLUS FORT

—

On parlait devant un Marseillais de l'expérience du docteur Tanner.

— Peuh! fit-il avec dédain, j'ai vu bien plus fort à Marseille. J'y ai vu une femme qui est restée deux mois sans manger... et elle nourrissait!

*
* *

PROBLÈMES GASTRONOMIQUES (1)

—

On demande :

I. S'il faut prendre médecine ou non?

Oui, parce que c'est avaler; Non, parce que les médecines vident l'estomac.

II. S'il faut se curer les dents ou non?

Oui, pour les empêcher de pourrir; Non, parce que c'est ôter quelque chose de la bouche.

III. S'il faut mâcher ou non?

Oui, parce que c'est jouir plus longtemps du plaisir de manger; Non, parce que c'est perdre quelques autres morceaux qu'on aurait eu le temps de manger.

IV. S'il vaut mieux avoir une langue que de n'en point avoir?

Oui, parce que la langue sert à demander à boire et à manger; Non, parce qu'elle emplit la bouche, et fait perdre à table du temps à parler.

(1) Attribués à Montmaur, le plus fameux parasite de son temps. C'est lui qui disait à ses amis : « Fournissez les viandes et le vin, et je fournirai le sel. »

V. Lequel vaut mieux de danser ou de chanter?

Il vaut mieux manger.

VI. Lequel vaut mieux de dîner ou de souper?

Ni l'un ni l'autre ne sont bons; il ne faut faire qu'un repas qui dure tout le long du jour.

BERCHOUX (*La Gastronomie*).

*
* *

AUSCULTATION

—

« Jeune homme, dit le docteur,
Venez ausculter le cœur
De cette jeune malade,
Il bat vite et par saccade :
C'est un cas intéressant. »

J'approchai... Tout frémissant
Je soulevai la chemise,
Sur la blanche gorge mise,
Et je vis deux petits seins
Mignons à tenter des saints.

Le docteur tournait la tête :
Je me dis : « Il serait bête,
Popol, de ne pas oser
Sur ces seins mettre un baiser... »

Je me penchai vers sa couche
A son sein collant ma bouche...

P. MARTINET,

(*Les Amours d'un Carabin.*)

*
* *

UN POTARD TROP GALANT

—

Naguère, les pharmaciens regardaient comme le plus saint de leurs devoirs de se rendre à domicile et d'administrer eux-mêmes les clystères émollients, purgatifs ou autres, ordonnés par la docte Faculté. Allez donc, aujourd'hui, demander pareil service à nos modernes négociants en drogues spécialisées.

Dans une des pharmacies les plus courues de la rue Drouot ou du faubourg Montmartre, la bonne de la jeune comtesse de K... apporte une ordonnance. « Madame, » disait la prescription du docteur, « prendra ce soir un lavement avec décoction de guimauve et de son. » Grand était, paraît-il, l'embarras de la bonne et de la maîtresse pour accomplir cette partie de l'ordonnance. Marton demanda à cet égard quelques renseignements au pharmacien.

Ce dernier, jeune et trop galant, crut un véritable trait de génie de se rappeler les fonctions des anciens de sa profession. Dites à madame la comtesse que j'irai moi-même ce soir procéder à l'administration du remède. Et, jusqu'au soir, il se frotta les mains en pensant au spectacle de haut goût qu'il allait pouvoir contempler.

A neuf heures, notre sémillant potard était sous les armes, et prêt à faire son entrée dans la place ; il sonne, Marton ouvre, et l'introduit auprès de madame la comtesse.

— Je vous remercie, monsieur, de votre exactitude et de votre extrême complaisance...

— Mais comment donc, madame, c'est notre devoir, et je suis trop heureux...

— Sans votre secours, monsieur, j'eusse été très embarrassée pour administrer ce remède à ma pauvre vieille femme de chambre, qui est paralysée depuis un mois et que je ne veux pas envoyer à l'hôpital : si vous voulez passer dans ce cabinet...

Tête du potard ! ! !

* *

A FARCEUR, FARCEUR ET DEMI

Vivier avait deux heures à perdre, ou à employer en fumisteries d'un goût équivoque. Il monte chez un médecin, le premier venu dont il a aperçu l'enseigne dans la rue.

Après avoir attendu quelque temps dans l'antichambre (pour le principe), il est introduit dans le cabinet du successeur d'Esculape.

Vivier salue gravement. Le médecin, non moins grave, répond par une inclinaison de tête, et du geste il lui indique un fauteuil. Tous deux luttent de solennité.

Vivier. — Monsieur, je viens vers vous comme vers un prince de la science.

Le docteur salue sans protester autrement.

Vivier. — Ou, si vous l'aimez mieux, comme vers un flambeau.

Le Médecin. — Comme vous voudrez, monsieur.

Vivier. — Attiré par votre renom, j'espère trouver chez vous un soulagement que j'ai vainement demandé à vos confrères les plus éminents.

Le Médecin. Je tâcherai de mériter votre confiance, monsieur... Quelle est votre maladie?

Vivier. — Ma maladie? Vous voulez dire mes maladies... Je les ai toutes.

Le Médecin. — Toutes les maladies?

Vivier. — Oui, docteur.

Le Médecin, le regardant attentivement. — Très bien. Pour laquelle désirez-vous être traité plus spécialement.

Vivier. — Cela m'est absolument indifférent.

Le Médecin. — Alors... monsieur Vivier... nous commencerons, si vous le voulez bien, par l'aliénation mentale.

Tête du farceur Vivier!

(L'Évènement.)

*
* *

ÉPIGRAMME

—

Voltaire, qui parvint à un âge fort avancé, était d'une maigreur extrême. C'est à ce sujet que Piron, qui ne manquait aucune occasion de tourner en ridicule le philosophe de Ferney, décocha le sarcasme suivant :

Sur l'auteur dont l'épiderme
Est collé tout près des os,
La mort tarde à frapper ferme,
De peur d'ébrécher sa faux.

*
* *

LA RÉTENTION

—

Deux jeunes fils, au cours prenant le frais,
Assis sur l'herbe et devisant ensemble,
Lorgnaient de loin deux sœurs pleines d'attraits,
Qu'ils eussent mieux aimé tenir de près.
Ami, dit l'un, vois ces sœurs ; que t'en semble,
La riche taille et le gentil maintien ?
Que sous le lin leur gorge est bien bombée !
Quel meurtre c'est, pour un pauvre chrétien,
Que telle chair soit pour nous prohibée !
Car de penser par *faconde* (1), ou par or,
Pouvoir jouir de ce double trésor,
Scélé de Dieu, ce serait bien folie.
Tu connais mal ce genre de nonain,
Dit l'autre ami, je gage soudain

(1) Vieux mot tiré du latin *facundia*, qui signifie *éloquence*.

Que je m'en vais, et par la plus jolie,
Me faire moi soulager des dépôts,
Qui cette nuit troubleraient mon repos.
   Le couple ami gage triple pistole ;
Tout aussitôt le facétieux drôle
Court au devant, contrefait le manchot,
Et dérobant ses poignets sous les manches
De sa chemise, il s'écrie aussi haut
Que le ferait femme de qui les hanches
N'en pouvant plus d'un fardeau de neuf mois,
Sont au moment d'en déposer le poids.
Il se tourmente, il s'agite, il tempête
Contre un valet qui lui manque au besoin :
De ses douleurs le beau couple témoin
Tout près de lui vient, de pitié s'arrête.
Qu'a donc monsieur, dit avec action
La sœur Agnès ? Hélas ! mes sœurs, je souffre
Comme un damné de ma rétention ;
Maudit laquais ! fusses-tu dans le gouffre.
Mes chères sœurs, que vous voyez comme moi,
Ce que l'on gagne au service du roi.
J'avais deux mains qui, dans une bataille,
Ont pris congé des deux bras que voici ;
Mon mal exige à tout moment que j'aille,
Et pour m'aider je n'ai personne ici.
Si vous vouliez, d'une main secourable,
Me dégraffer au-dessous du pourpoint,
Vous rendriez au jour un misérable,
Qui sans cela n'en reviendra point.
Sœur Rosalie, encore un peu novice,
Répugnait fort à rendre ce service,
Car il fallait s'y prêter jusqu'au bout.
Quand sœur Agnès de ce scrupule eut somme,
La relevant dit, ma sœur, après tout,
Laisserons-nous mourir ce beau jeune homme ?
Les voilà donc aux *grègues* (1) du galant,

(1) Ancien mot, en latin *bracca*, qu'on exprimait autrefois
par *haut-de-chausses*.

Dont le coursier, sentant que l'on abaisse
Le pont-levis, prend l'essor et s'empresse
De faire montre aux sœurs de son talent.
L'énormité de sa fière encolure,
Par nos nonains fut prise pour tumeur ;
Car de penser que par jeu de nature
Il se fût mis ainsi de bonne humeur ;
Encore moins qu'elles en fussent cause,
Les cris affreux que le sire jetait,
Trop fortement dissuadaient la chose.
Nul filet d'eau cependant ne sortait.
Le porteur donc du dieu qui ne voit goutte
Leur dit, mes sœurs, ici jusqu'à demain
Nous resterons, si l'onde goutte à goutte
N'est distillée à l'aide d'une main.
Pour soulager de semblable gravelle,
Beaux doigts ne sont médecine nouvelle.
Là, le lecteur a deviné l'effet
Qui résulta de l'agile topique
Que sur le mal la jeune vierge applique.
Le scélérat allégé, satisfait
D'avoir gagné sa gageure cynique,
A nos deux sœurs, qui tombent de leur haut,
Montre aussitôt une double main blanche,
Qui proposaient de leur donner revanche.
Le couple saint, se signant comme il faut,
Gagnait en courant sa claustrale tanière,
Bien affligé du malheur imprévu
D'avoir servi Satan qui l'avait vu
Se transformer en ange de lumière.

(Le désœuvré ou l'espion du boulevard du Temple.)

*
* *

DIPLOMES ÉTRANGERS

—

Si nous en croyons certaines personnes intéressées, voici comment se passent les examens de médecine dans les facultés libres des petits États d'Allemagne :

— Fumez-vous ? demande l'examinateur.

— Oui, monsieur.

— Eh bien ! voici un cigare. A présent, dites-moi quel est le devoir d'un médecin ?

— De faire rentrer ses honoraires.

— Bien. Et le second ?

— D'augmenter sa clientèle.

— Parfait. Savez-vous aussi les devoirs qui vous incombent envers moi ?

— Oui, c'est de vous inviter à dîner.

— Mais, supposez que je refuse…

— Oh ! cela ne se serait jamais vu !

— Vous avez raison. Allons donc au restaurant d'en face, et je vous signerai votre diplôme au dessert.

*
* *

REMÈDE CONTRE LA LUXURE

Brûlé du feu de la concupiscence,
Frère Thibaut courut à son Gardien :
« Jeûnez, mon fils ! » lui dit sa Révérence.
Thibaut jeûna ; le jeûne ne fit rien.
Lors derechef Thibaut se plaint : « Eh bien !
Joignez au jeûne et discipline et haire, »
Dit le vieillard. Mais las ! le pauvre hère
Sentit encor la chair plus regimber.
« Vertu de froc ! Faites-le donc, mon frère,
Tant, que d'un an n'y puissiez retomber ! »

J.-B. ROUSSEAU.

TOUJOURS PRÉVOYANT

—

Un homme d'un certain âge, souffrant d'un violent mal de dents, courut chez le dentiste.

— Je dois vous prévenir, dit le malade à l'opérateur, que j'ai horreur de souffrir, et que je ne saurais supporter l'extraction d'une dent.

— Laissez-moi visiter votre mâchoire, répondit le dentiste : vous ne sauriez souffrir de cette inspection.

La dent fut jugée hors d'état de rendre de nouveaux services, et l'extraction fut décidée.

— C'est une petite opération, dit le dentiste, pour rassurer le malade.

— Oui, mais elle me fera souffrir.

— Si vous craignez la douleur, je vais vous chloroformer.

— Volontiers.

Le dentiste commença ses préparatifs. Pendant ce temps, le patient tira sa bourse et se prit à y fouiller.

L'opérateur, voulant prévenir une générosité anticipée, s'empressa de dire avec courtoisie à son client :

— Je vous en prie, monsieur, ne vous préoccupez pas de cela. Il sera temps de le faire quand l'opération sera terminée.

— Comment, monsieur le docteur ! répliqua

froidement le malade. C'est seulement pour
m'assurer exactement de ce que j'ai sur moi,
que je recompte mon argent!...

(Almanach lunatique.)

*
* *

L'INCONVÉNIENT D'AVOIR DES DENTS

—

Air : *Dans la vigne à Claudine.*

Quoiqu'en tous lieux on dise :
« Rien n'est tel que les dents, »
Je n'ai pas la bêtise
De donner là-dedans ;
Car, si le premier homme
Sans une dent fût né,
Le monde pour la pomme
N'eût pas été damné.

Ces dents, dont l'amant vante
L'éclatante beauté,
Et dont le gourmand chante
L'heureuse utilité,
De notre premier âge
Sont le premier tourment,
Et leur chute présage
Notre dernier moment.

De belles dents, sans doute,
J'aime l'accord parfait ;
Mais que de maux nous coûte
Ce funeste bienfait !
La perte de la belle
En qui tout nous séduit,
Fait moins souffrir que celle
D'une dent qui nous fuit.

10

Des serpents qui se tordent
La dent donne la mort ;
L'ours et le lion mordent,
Le chien enragé mord ;
Et que Dieu vous préserve
Du méchant, du jaloux,
Qui dans l'ombre conserve
Une dent contre vous !

Les dents ont droit de plaire
A l'heure des repas ;
C'est un mal nécessaire,
Je n'en disconviens pas ;
Encor, souvent cruelles
Jusqu'en leurs fonctions,
Que nous procurent-elles ?
Des indigestions.

Les dents ne servent guère
Qu'à causer du chagrin…
Oui, jusqu'à ma dernière,
Ce sera mon refrain…
Puis, qu'un morceau l'emporte
A la fin d'un repas,
Je m'écriai : « N'importe !
Pour boire, il n'en faut pas. »

DÉSAUGIERS.

*
* *

VIEILLERIES

—

M. *** ayant été blessé à la tête d'un coup de
mousquet au siège de la Rochelle, les chirurgiens qui lui mirent le premier appareil lui
dirent que le coup était fort dangereux, et qu'on

voyait sa cervelle. — *Ah! parbleu*, dit-il, *messieurs, prenez-en un peu, et l'envoyez dans un linge
au cardinal de Richelieu, qui me dit cent fois par
jour que je n'en ai point.*

*
* *

Le comte de Bussi s'étant allé promener aux
Petites-Maisons, pour y voir les fous, demanda
à l'un d'eux, qui lui paraissait plus tranquille
que les autres, pourquoi il était là. « Monsieur,
lui dit-il, on m'enferme ici pour une maladie
qui s'appelle folie parmi nous, et que parmi
vous on appelle vapeurs. »

(Journal de Paris.)

*
* *

Louis XIV fut attaqué vers le milieu du mois
d'août 1715, au retour de Marly, de la maladie
qui termina ses jours. Ses jambes s'enflèrent, la
gangrène commença à se manifester. Le comte
de Stairs, ambassadeur d'Angleterre, paria, selon
le génie de sa nation, que le roi ne passerait pas
le mois de septembre. Le duc d'Orléans, qui,
au voyage de Marly, avait été absolument seul,
eut alors toute la cour auprès de sa personne.
Un empirique, dans les derniers jours de la maladie du roi, lui donna un élixir qui ranima ses
forces. Il mangea, et l'empirique assura qu'il
guérirait. La foule qui entourait le duc d'Orléans

diminua dans le moment. « Si le roi mange une seconde fois, dit ce prince, nous n'aurons plus personne. »

(Galerie de l'ancienne cour.)

****

Scarron fut un jour surpris d'un hoquet si violent que ceux qui étaient auprès de lui craignirent qu'il n'expirât ; cependant ce symptôme diminua. Le fort du mal étant passé : « Si jamais, dit-il, j'en reviens, je ferai une satire contre le hoquet. » Ses amis s'attendaient à toute autre résolution que celle-là ; mais il fut dispensé de tenir parole : il ne revint point de cette maladie, et le public a perdu la satire qu'il se proposait de composer.

Peu d'instants avant que de mourir, comme ses parents et ses domestiques, touchés de son état, fondaient en larmes : « Mes enfants, leur dit-il, vous ne pleurerez jamais tant que je vous ai fait rire. »

(Scaroniana.)

****

Le fameux Dominique, Arlequin de la Comédie italienne, vint consulter le célèbre Sylva, qui ne le connaissait pas.

— Je n'ai pas d'autre remède à vous indiquer, lui dit le docteur, que d'aller souvent voir jouer Arlequin ; son jeu naïf dissipera votre mélancolie.

— Ce remède ne me convient pas, répondit Dominique; je suis le seul homme dans Paris qui ne puisse en faire usage.

— Pourquoi cela?

— C'est que je suis Arlequin.

* *

La duchesse de Marlborough pressait son mari de prendre médecine. Le glorieux général faisait la grimace.

— Ah! s'écria la duchesse avec cette chaleur qui lui était habituelle, que je sois pendue si cela ne vous fait pas du bien!

— Allons, mylord, dit froidement le docteur Carth, avalez : d'une façon ou de l'autre, vous y gagnerez...

GUÉRARD, (*Dictionnaire d'Anecdotes*).

* *

Un prince en voyageant, pour son plaisir sans doute,
 Peut-être aussi pour sa santé,
(Il n'importe lequel), tomba malade en route.
C'était près d'un village, il y fut transporté.
 Très grave était sa maladie,
 Elle exigeait de prompts secours,
 Tout annonçait l'apoplexie;
 A la saignée on eut recours.
Comme il tendait le bras au frater de province
 Qu'on venait de faire appeler,
 « Ne tremble pas, lui dit le prince,
— Moi, monseigneur? c'est à vous à trembler. »

10.

****

La comtesse de Maure avait toujours ou croyait avoir quelque grande incommodité, et avait sans cesse quelque lavement dans le corps. Une de ses parentes lui laissa du bien en mourant, et ce qu'il y avait de plus considérable était un bon nombre d'écus d'or, que cette femme, je ne sais par quelle fantaisie, avait mis dans une seringue. Mme de Rambouillet disait : « Voilà du bien qui vient à la comtesse de Maure dans la forme la plus agréable qu'il lui pouvait convenir. »

Tallemant des Réaux.

****

Le comte de Lauraguais a envoyé la question suivante à la Faculté de Médecine :

« Messieurs de la Faculté sont priés de donner en bonne forme leur avis sur toutes les suites possibles de l'ennui sur le corps humain, et jusqu'à quel point la santé peut en être altérée. »

La Faculté a répondu que l'ennui pouvait rendre les digestions difficiles, empêcher la libre circulation, donner des vapeurs, etc., et qu'à la longue même il pouvait produire le marasme et la mort.

Bien muni de cette pièce authentique, M. le comte de Lauraguais s'en est allé chez un commissaire, qu'il a contraint à recevoir sa plainte

contre M. le prince d'Hénin, comme homicide
de Sophie Arnould, depuis cinq mois et plus
qu'il n'a bougé de chez elle.

GRIMM, (*Correspondance*).

* *

Le poète Saint-Amand se trouva un jour
dans une compagnie où il vit un homme qui
avait les cheveux noirs et la barbe blanche.
Comme cette différence paraissait assez bizarre
à la compagnie, et que chacun en demandait la
raison, Saint-Amand dit : « Il y a lieu de
croire que monsieur fatigue beaucoup plus de la
mâchoire que du cerveau. »

* *

Il est trop vrai que la belle Seymours,
Créole aimable et languissante,
   N'est que d'hier convalescente,
Et, toutefois, déjà rêve aux amours.
« Çà, lui dit un gros moine austère en ses discours,
Renoncez à jamais aux tendres bagatelles
Et consacrez à Dieu le reste de vos jours...
   — Mon père, les nuits en sont-elles ? »

PIIS.

* *

L'abbé de Voisenon étant malade, son médecin lui ordonna de prendre, dans la matinée,
une pinte d'eau légèrement purgative. Il revint
le soir, et demanda quel effet avait produit le
remède.

— Aucun, lui répondit-on.

— Avez-vous tout pris?

— Non, seulement la moitié.

Le docteur se fâcha sérieusement.

— Eh! mon ami, ne vous emportez pas, dit l'abbé. Comment voulez-vous que j'avale une pinte? regardez-moi bien, je ne tiens que chopine.

Il était en effet fort petit et d'une structure très délicate.   (*Paris, Versailles et la prov.*)

*
* *

Mme du Deffant était la personne la plus égoïste que l'on connût. Elle avait une maladie qui l'obligeait à passer dans son lit plus de la moitié de sa vie, ce qui ne ne l'empêchait pas de recevoir beaucoup de monde. Un jour plusieurs visites arrivèrent à la fois chez elle; elle était couchée. On se plaignait en entrant de la fraîcheur de la chambre :

— Comment, dit-elle, il fait donc bien froid?

On l'assura qu'il gelait à pierre fendre; alors madame sonna précipitamment : on était charmé, on crut qu'elle allait demander du bois; point du tout :

— Apportez-moi, dit-elle, un couvre-pied d'édredon.

Après avoir donné cet ordre, elle parla d'autre chose.

(*Choix d'anecdotes.*)

* *

Le duc de Bourgogne, frère aîné de Louis XVI, d'une complexion délicate, était souvent souffrant ; la maladie dont il mourut ayant pris un caractère sérieux, les courtisans ralentirent leurs visites, et allèrent de préférence chez le duc de Berry (depuis Louis XVI). Un jour que le malade se trouvait dans une solitude complète, il fit signe à son page qu'il voulait lui parler : « Bombelles, lui dit-il, sais-tu pourquoi nous ne voyons personne, tandis que la foule se porte chez mon frère ? C'est que c'est ici la chambre de la douleur, et chez Berry c'est la chambre de l'espérance. »

ALISAN DE CHAZET, (*Mémoires*).

* *

Le docteur Chirac fut appelé auprès d'une dame qui était malade. Pendant qu'il était dans l'antichambre, on y dit que les actions (de la banque de Law) avaient beaucoup diminué. Le docteur, qui avait beaucoup de papier sur le Mississipi, fut saisi de cette nouvelle, et s'étant assis auprès de la malade pour lui tâter le pouls, il se dit à lui-même : « Ah ! mon Dieu ! cela diminue, cela diminue, cela diminue. » En l'entendant parler ainsi, la malade se mit à crier ; ses gens accoururent ; elle dit : « Je vais mourir, M. de Chirac vient de crier trois fois en tâtant mon pouls : « Il diminue ! » Le docteur revint à lui, et dit : « Vous rêvez ! votre pouls bat à merveille, et vous vous portez bien. Je m'occupais des actions du Mississipi, sur lesquelles je perds, puisqu'elles baissent. » La dame malade fut ainsi rassurée.

Madame, duchesse d'Orléans,
(Correspondance).

*
* *

Pendant la dernière maladie de Louis XV, qui dès les premiers jours se présenta comme mortelle, Lorry, qui fut mandé avec Bordeu, employa, dans le détail des conseils qu'il donnait, le mot : *Il faut*. Le roi, choqué de ce mot, répétait tout bas, et d'une voix mourante : *Il faut ! il faut !*

Chamfort.

*
* *

M. l'abbé de Voisenon a passé sa vie à être mourant d'un asthme et à se rétablir un instant après. C'est un fait, qu'un jour à la campagne, se trouvant à l'article de la mort, ses domestiques l'abandonnèrent pour aller chercher les sacrements à la paroisse. Dans l'intervalle, le mourant se trouve mieux, se lève, prend une redingote et son fusil, et sort par la porte de derrière. Chemin faisant, il rencontre le prêtre qui lui porte le viatique, avec la procession ; il se met à genoux comme les autres passants, et poursuit son chemin. Le bon Dieu arrive chez lui avec les prêtres et ses domestiques; on ne trouve plus le malade, qui, pendant qu'on le cherchait dans la maison, tirait des lapins dans la plaine.

GRIMM, (*Correspondance*).

***

Le roi (Louis XV) dit un jour avec le plus grand sang-froid à Mme de Mailly, sa maîtresse : « Je ne suis pas fâché de souffrir de mon rhumatisme, et si vous en saviez la raison, vous ne la désapprouveriez pas. Je souffre en expiation de mes péchés. » Et cependant, il passait avec Mme de Mailly la nuit suivante. Rien n'était donc si triste ni si sauvage que ces petits soupers, quand les repentirs du roi le tourmentaient, et, depuis la mort de M. de Vintimille, jamais il n'y faisait gras les jours prohibés. Une autre fois, se trouvant malade et réduit, le soir, à souper de lait, il persista, le matin, à faire maigre un jour d'abstinence en disant : « Il ne faut pas commettre des péchés de tous les côtés. »

(*Mémoires du duc de Richelieu.*)

***

On prétend que le médecin Bouvard répondit

à l'abbé Terray, qui se plaignait de souffrir comme un damné : « Quoi ! déjà, Monseigneur ? »

**

On disait à Delon, médecin mesmériste : « Eh bien, M. de B... est mort, malgré la promesse que vous aviez faite de le guérir ? — Vous avez, dit-il, été absent, vous n'avez pas suivi les progrès de la cure : il est mort guéri. »

CHAMFORT.

**

Capreron, dentiste du roi, ayant limé une dent à M. le dauphin, le pria, à la fin de l'opération, de vouloir bien demander pour lui le cordon de Saint-Michel. M. le dauphin, riant et lui montrant une dent très saine, lui dit : « Capreron, ce serait pour trop peu de chose ; mais quand celle-là se gâtera, nous verrons. » — Il n'en eut que cette plaisanterie.

Marquis DE VALFONS, (*Souvenirs*).

**

M. de Lalli Tollendal, avant son départ pour le gouvernement de Pondichéry, était à dîner chez Mme de G... avec plusieurs dames et seigneurs de la cour. Il y avait là un vieux militaire à bons mots, qui riait et criait par intervalles, parce qu'il avait un rhumatisme goutteux qui contrariait sa gaieté. Comme les accès de ses souffrances étaient violents, chacun s'empressait à indiquer son remède, comme cela se pratique. Une personne de la compagnie dit qu'il n'y en avait point de plus efficace que la graisse de pendu, dont il fallait se frotter. « Où trouver de la graisse de pendu? — Chez Charlot, le bourreau qui demeure à Villeneuve. »

Remarquez que l'on était au dessert; on avait sablé le champagne. On fait la partie d'aller chez Charlot. M. de Lalli emboîte dans sa voiture le vieux militaire qui, jurant, criant et souffrant, fut conduit à la maison de M. Charlot, ce grand-maître des hautes œuvres, qui, fort honoré de cette visite, donna autant de graisse qu'on en voulut. Après, M. de Lalli demanda à voir son cabinet d'histoire naturelle, qu'on lui avait beaucoup vanté. Charlot commença par lui montrer des potences, des cordes, etc.; ensuite il ouvre une petite armoire, il tire un damas, et, le faisant voir à M. de Lalli : « Tout ce que je vous ai présenté jusqu'ici, dit-il, ne sert qu'au supplice de ces gueux, de ces pauvres diables qui sont fripons parce qu'ils n'ont pas le moyen d'être honnêtes gens. Mais voici pour les nobles; voici pour vous, monseigneur, qui êtes un très honnête gentilhomme. » M. de Lalli et toute sa suite rirent beaucoup de la simplicité de M. Charlot;

mais M. le gouverneur de Pondichéry aurait pu
regarder cela comme un présage.

FAVART, (Mémoires).

.

LE REMÈDE DES FIEVRES

—

Au voisin, de fiebvre mourant,
On faisoit boire eau de la bie (1)
« Hélas! vous me tuez, disoit-il en pleurant;
« Me défendre le vin, c'est m'arracher la vie!

« Hélas! je désiroy tousjours
« Mourir avec toy, bon breuvage!
« Quand j'ay plus que jamais besoin de ton secours,
« Un lourdaud médecin me défend ton usage.

« Cher amy ne me quitte pas
« Sur le dernier point de ma vie;
« Sans toy, j'estimerois rigoureux mon trespas;
« Je ne puis avoir bien hors de ta compagnie.

« Si je meurs, à mes bons amis
« Ma grande bouteille je laisse;
« Mais que pleine elle soit, comme elle estoit jadis;
« Jugeront comme moy que c'est grande richesse. »

Ainsi mon voisin souspiroit.
Moy, j'eus pitié de sa misére
Je lui donnoy du vin que l'on luy défendoit.
Sa fiebre le quitta si tost qu'il eust à boire.

(1) Bie, vieux mot qui veut dire cruche.

Sur cela fondant ma raison,
Pour guarir une soif maline
Et l'ennuy que me fait ma femme à ma maison,
J'ai recours au bon vin comme à ma médecine

Faulte de mieux, de bon pommé
Bien souvent je prends une dose.

Tant bon est cestuy-ci, qu'il m'a presque charmé
Encore un pot venant, et puis qu'on se repose!

OLIVIER BASSELIN.

UNE CHUTE SANS GRAVITÉ

L'autre matin, profitant d'un de nos rares jours de beau temps, une belle demoiselle, que connaissent tous les amateurs d'opérette, se décide à aller faire à cheval un petit tour de Lac.

Mais le cheval, mal retenu par de trop petites mains, s'emballe quelque peu, et voilà notre jeune personne lancée sur un taillis où la chance la fait tomber absolument assise, non sans de graves froissements.

Le hasard amène un médecin qui constate, dans le cabinet d'un café voisin, quelques égratignures seulement Il en ressort et, rassurant l'écuyère dont le manque d'assiette a été assez puni, lui dit en souriant :

— Ce ne sera rien, vous pourrez encore vous décolleter!

* *

GUÉRISON MALENCONTREUSE

—

En 1842, lorsque l'opération du strabisme faisait grand bruit, une jeune personne, d'un naturel vif et d'une imagination ardente, était sur le point d'épouser un jeune homme qui l'aimait et dont elle était éprise. Or, le jeune homme louchait. Ne se doutant pas que son image pût être gravée avec cette imperfection dans le cœur de sa fiancée, l'infortuné eut, un jour, la malencontreuse idée de lui ménager une surprise en se faisant opérer.

L'opération réussit; mais ce qui ne réussit point, ce fut l'effet qu'il en attendait : aussitôt qu'elle le vit, elle poussa un cri d'alarme, et, malgré les explications qui s'échangèrent, elle refusa de reconnaître sous cette forme nouvelle l'époux qu'elle avait choisi et aimé sous une autre. Le mariage fut rompu. Rien ne put changer sa détermination.

L. Cerise.

* *

LA FATALITÉ

—

Q'un sceptique, au-dessus des erreurs du vulgaire,
   Vante partout son incrédulité,
   A lui permis; quant à moi, pauvre hère,
Je suis payé pour croire à la fatalité.

D'Agnès épris, j'en fais choix pour ma femme.
Déjà, je ne dors plus tant je suis amoureux ;
C'est le mardi matin que je dois être heureux ;
    Le lundi soir on enlève la dame.

    « Viens, m'écrit Paul, ton malheur est passé ;
Le prince, d'un côté, te fait son secrétaire,
Et Duckman, près de lui, t'appelle au ministère. »
J'accours ; le prince meurt ! le ministre est chassé !

    A cinquante ans, réputée hydropique,
Ma tante va, dit-on, succomber à ses maux ;
Elle est riche, et je suis son héritier unique ;
Je commande mon deuil... elle fait deux jumeaux !

De la Garencière.

* *

DUEL AU CHOLÉRA

—

Un journal du Kentucky parle en ces termes d'un duel d'un nouveau genre, qui a failli avoir lieu dans la ville d'Owensburg. Un jeune homme, nommé Tracy, mécontent des assiduités d'un M. Spright auprès de sa sœur et ayant vainement cherché plusieurs fois à l'éloigner, prit le parti de lui envoyer un cartel. M. Spright se souciait médiocrement de se couper la gorge avec le frère de celle qu'il aimait : vainqueur ou vaincu, l'affaire devait avoir pour lui un triste dénoûment. Réfléchissant cependant qu'il avait le choix des armes, il se décida à accepter le cartel, et, le jour du combat venu, il alla au rendez-vous avec ses armes. Son adversaire y était déjà avec deux témoins qui tenaient, l'un une boite de pistolets, l'autre de solides épées.

Le choléra sévissait alors avec vigueur dans la ville d'Owensburg. M. Spright jeta un regard dédaigneux sur les rapières et revolvers, et, découvrant une sorte de petit coffre, il exposa à la vue des spectateurs une magnifique salade de concombres dont il avait fait deux parts égales, et une douzaine de pommes vertes :

« Voilà mes armes, s'écria-t-il triomphalement : le choléra sévit ; l'un de nous mourra sûrement après avoir fait ce déjeuner. Asseyez-vous là, monsieur, et croisez la fourchette ; en garde ! »

Mais son adversaire, si brave lorsqu'il ne s'agissait que d'épées et de pistolets, se prit à trembler de tous ses membres. Les témoins s'abouchèrent, et ils convinrent d'un commun accord qu'un duel aussi meurtrier n'aurait pas lieu. L'affaire fut donc arrangée à l'amiable, et l'intrépide Spright continua ses visites à la sœur de Tracy.

COLOMBEY (*Histoire anecdotique du duel*).

**
* **

LE GUÉRISSEUR DE JAUNISSE

—

Un égrillard de basse Normandie,
Madré plaideur, mais friand de tendrons,

Vit au Palais fillette en maladie.
A la guérir, dit-il, point ne perdrons.
Ce mal toujours fut signe de sagesse
(C'était celui qui pâlit la jeunesse.)

Ainsi raisonne, et sur ce l'accosta.
L'Agnès, d'abord, abaissa la paupière,
Et même au front le rouge lui monta.
Notre galant, pour entrer en matière,
Sur ses attraits nasonna tendrement
Quelque fadeur tournée en compliment.
De là, passant à sa pâleur extrême,
Plaint la pucelle, et d'un ton plus discret,
Lui dit avoir un merveilleux secret,
Dont il promet que sa vertu suprême
Doit sur son teint répandre un incarnat
Bien plus brillant que celui de la rose.
— Que je voudrais, hélas ! qu'on m'en donnât,
Quelque petite encore que fût la dose !
Très bien saurais, dit-elle, assurément
Récompenser un aussi grand service.

Point ne faillit la belle à son serment :
Car en usant de l'art du bas Normand,
La jeune Agnès guérit de la jaunisse :
Son médecin gagna la *rime en isse*.

DE GRÉCOURT.

*
* *

REMÈDE AUX TENTATIONS

—

J'ai connu une très jolie femme à Toulouse, qu'on appelait la présidente Drouillet, qui avait les plus plaisantes maximes du monde sur l'amour. Elle se vantait un jour d'avoir un remède assuré contre toute sorte de tentations,

Tout le monde avait de l'empressement pour ce remède si nécessaire à tant de gens. On faisait des paris sur l'infaillibilité du remède, et après bien des raisonnements pour et contre, et s'être fait longtemps prier, Mme Drouillet prononça de cette manière : « Le remède le plus sûr pour faire cesser la tentation, c'est d'y succomber. »

Mme DUNOYER (Lettres).

*
* *

PAUVRE DOCTEUR!

—

I

— Ainsi, cher monsieur Dubois, c'est pour votre fils que vous m'avez fait appeler?

— Oui, docteur. Vous savez, rien de grave; une peccadille, le résultat d'un abandon risqué, d'une liaison au pied-levé; nous avons tous passé par là, n'est-ce pas?

— Sans doute. Et pourrais-je voir Gustave?

— Il doit être dans sa chambre à vous attendre. Allez l'y rejoindre, docteur. Surtout, sermonez-le! Je ne doute pas que vos sages conseils lui soient profitables. Je vous attends dans mon cabinet, après votre consultation. J'ai quelques lettres à expédier; ne vous pressez pas; du reste, vous déjeunez avec nous. En passant devant la chambre de ma femme, voyez-la, je vous prie; elle s'obstine à rester au lit fort tard, ce qui est tout à fait contraire à sa santé. Tâchez de la convaincre, docteur, je m'en rapporte complètement à vos lumières. A tout à l'heure! Ah!... dites donc, surtout pas un mot à Mme Dubois de l'indisposition de Gustave!...

— Soyez tranquille!

Et le docteur X... traversa un long corridor, au bout duquel se trouvait une porte à laquelle il frappa discrètement.

— Entrez! dit une voix de femme.

Il entra et se trouva en présence de la maîtresse de la maison, nonchalamment étendue sur une causeuse et noyée dans une de ces délicieuses toilettes de matin qui laissent deviner mille choses agréables sous leurs plis révélateurs.

— Ah! c'est vous, docteur? Vous me prenez au saut du lit. Permettez-moi de ne pas me déranger pour vous recevoir. Vous savez, je suis paresseuse. Prenez un siège et venez près de moi; nous causerons.

— Volontiers, madame, répondit le docteur, en baisant galamment la main qui lui était tendue.

Disons tout de suite que le docteur X... était le médecin de la famille depuis fort longtemps, ce qui explique la familiarité amicale avec laquelle on le traitait. Il était, pour ainsi dire, de la maison. M. Dubois avait en sa science une

II.

confiance illimitée; quant à sa femme..... Mais n'anticipons pas. Que nos lecteurs sachent seulement que Mme Dubois avait fort à se plaindre, depuis quelques années, des procédés conjugaux de son époux. M. Dubois la délaissait; M. Dubois, tout occupé de ses affaires, n'avait plus pour elle ces petites galanteries particulières que les dames aiment tant, et ce n'est qu'à de rares intervalles qu'elle voyait s'entr'ouvrir la porte de communication qui séparait leurs deux chambres.

Que dirons-nous encore? M. Dubois avait doublé la cinquantaine et était devenu obèse, tandis que Mme Dubois, plus jeune de quinze ans, était encore très appétissante, et, loin d'avoir dit adieu aux joies de ce monde, les appelait, au contraire, de tous ses vœux.

Une fois installé près de la causeuse, le docteur X... commença ainsi l'entretien :

— Eh bien! belle nonchalante, cette chère santé?

— Atroce, docteur. Je meurs d'ennui. Il me semble que vous me délaissez un peu depuis quelque temps.

— Vous savez bien, mon amie, que si je n'écoutais que les conseils de mon cœur, je serais toujours auprès de vous. Mais je ne puis cependant pas venir ici chaque jour; M. Dubois pourrait trouver cela drôle, et vous savez si je tiens à ce que votre tranquillité ne soit en rien troublée? Aujourd'hui même, s'il ne m'eût fait appeler...

— Comment! mon mari vous a fait appeler?

Le docteur vit qu'il s'était trop avancé.

— Soyez sans crainte! Il n'y a dans votre maison aucune santé compromise. C'était pour me parler d'une grande entreprise dans laquelle il veut m'engager, une émission pour l'exploitation d'une mine de plomb, je crois... dans le Midi... enfin, rien qui puisse vous intéresser... Mais, dites-moi! savez-vous que cette robe de chambre vous sied à merveille?

— Flatteur!

Et le beau bras potelé de Mme Dubois entoura le cou du docteur.

— Vous êtes une séduction vivante, murmura celui-ci en la regardant dans les yeux.

— Ah! quand vous me parlez, mon ami, je me sens revivre. Mon existence est si monotone, que les instants où je vous possède me procurent un bonheur qui me grise.

— Chère âme!

— Vous êtes à la fois le médecin de mon corps et celui de mon cœur, et dans mes heures de solitude, entre mon fils Gustave qui est tout à ses premières fredaines et mon mari qui est tout à ses chiffres, c'est encore votre image que je caresse, c'est l'écho de votre voix que j'écoute. Dites, mon cher savant, vous qui connaissez tant de choses, ne croyez-vous pas qu'il y ait entre les cœurs que l'amour unit un lien invisible, mystérieux, qui les met en communication quand ils sont séparés?

— Oh! mais vous me posez là, mignonne, une question de haute métaphysique; l'étude de la médecine ne va pas si loin. Ce que je sais bien, c'est que j'éprouve à vous voir un plaisir extrême, que votre pensée me suit partout, que j'ai de vos baisers et de vos caresses une soif sans cesse renouvelée. Et tiens! à l'instant où je te parle, j'ai mille désirs dans l'âme, il me passe par tout le corps des frissons qui me brûlent.

— Oh! je t'aime comme ça, mon lion!...

— Me permettez-vous de pousser le verrou de sûreté? interrogea le docteur en montrant la porte

— Puis-je vous refuser quelque chose?...

. . . .

. . . .

II

— Eh bien; docteur, cette fameuse consultation est terminée? disait M. Dubois à l'homme de l'art, en le voyant rentrer dans son cabinet.

— Oui, cher monsieur; elle a été un peu longue. Mais, vous savez, il a fallu que je me rende compte de bien des petits détails qui éclairent la science et la guident dans le remède qu'elle doit appliquer. Somme toute, ce qu'a Gustave est peu de chose; il faut du repos et de la tisane, beaucoup de tisane, plus quelques petites choses que je vais indiquer sur mon ordonnance.

Et le docteur, s'asseyant devant le bureau, se disposait à écrire sa formule.

M. Dubois lui retint le bras.

— Dites-moi donc, avant de commencer, j'aurais une communication très sérieuse à vous faire.

— Diable! pensa le docteur, se douterait-il de quelque chose?

— Écoutez, docteur, la passion est une chose terrible. Cette maudite chair a des faiblesses funestes. Bref, voilà de quoi il s'agit. Mon fils, ignorant son... indisposition, a eu avec Thérèse, vous savez, cette jeune bonne que j'ai depuis quelque temps? certaines familiarités qui... que... enfin, vous comprenez? ce qui fait qu'au lieu d'un malade...

— Nous en soignerons deux, interrompit le médecin. Vous ferez un peu plus de tisane.

— Ce n'est pas tout, docteur... Ah! mais pour ce qui me reste à vous dire, je vous recommande le plus grand secret.

— Soyez tranquille! la discrétion est pour nous, médecins, une obligation d'honneur.

— Or, cette affreuse chair dont je vous parlais tout à l'heure est venue troubler aussi ma tranquillité habituelle. Vous savez cependant si je suis calme, mon ami? Mon tempérament me porte peu aux folichonneries qui ne sont plus de mon âge. Cependant, je ne sais comment

cela s'est fait : jeudi soir, je me trouvais seu
avec Thérèse, j'avais bien dîné, puis cette grosse
fille est si appétissante avec ses abondantes
formes campagnardes, que, ma foi ! je me suis
laissé aller...

— Vous aussi ?

— Oui, tout comme un collégien. Le résultat,
vous le connaissez ; chose qui se voit rarement,
j'ai hérité de mon fils.

— Diable ! mon ami, je ne vous savais pas
aussi inflammable, dit le docteur en souriant.
Nous en serons quittes pour allonger la dose
des médicaments.

Et il se disposait de nouveau à écrire, quand
M. Dubois le retint encore.

— Il me reste quelque chose à vous dire.
Vous ne savez pas ce que c'est que le mariage,
docteur ? Vous êtes garçon, et vous faites bien
de rester libre. Une fois marié, l'homme n'est
plus un homme, c'est un esclave. Le mariage
impose des obligations auxquelles on ne peut
se soustraire. Puis Mme Dubois est encore jeune ;
j'ai des satisfactions à lui donner. Enfin, mon
ami, ignorant tout ce que je viens de vous
apprendre, j'ai rempli mon devoir d'époux...
Un revenez-y, quoi !... Car cela ne m'arrive pas
souvent. Que vous dirai-je de plus, ma femme
a subi le sort commun...

— Comment !... Que dites-vous ?... Votre
femme ?...

— Pincée !...

— Morbleu ! s'écria le docteur, mais alors, je le suis aussi, moi !...

(Le Monde plaisant.)

**

RECETTE CONTRE L'ENROUEMENT

Sous le règne de Frédéric II on comptait parmi les pensionnaires du théâtre royal prussien une grande artiste qui partageait son temps entre les attaques de nerfs et les rhumes. Pour un oui, pour un non, la cantatrice faisait manquer le spectacle, et un soir que le grand roi était dans sa loge, le régisseur vint dire ceci :

« Messieurs et mesdames, la direction a la douleur de vous annoncer que notre prima donna est enrouée et que la représentation annoncée ne peut avoir lieu... »

A ces mots, le grand Frédéric s'adresse à son aide de camp, lui donne un ordre, puis, se penchant vers l'orchestre, il fait signe aux musiciens de rester à leur place...

Que va-t-il se passer ?... Un quart d'heure s'écoule ; le public est dans une attente cruelle. Tout à coup le rideau se lève ; le régisseur revient :

« Messieurs et mesdames, dit-il, j'ai la joie de vous annoncer que notre prima donna, subitement remise de son rhume, va avoir l'honneur de paraître devant vous. »

Et, en effet, la cantatrice entra. Elle était très pâle, mais jamais elle ne chanta mieux ; le roi l'avait guérie en un instant, et je donne même la recette pour l'usage de nos théâtres lyriques.

La cantatrice, dont le nom m'échappe, était tranquillement au coin du feu, pas plus enrouée que vous et moi, et se réjouissait du mauvais tour qu'elle venait de jouer à son directeur, quand soudain la porte s'ouvrit avec fracas, et un officier, suivi de quatre dragons, se présenta.

— Mademoiselle, dit-il, le roi mon maître me charge de vous demander des nouvelles de votre chère santé.

— Je suis très enrouée...

— Sa Majesté le sait, et je suis chargé par elle de vous conduire à l'infirmerie de l'hôpital militaire, où vous serez guérie en peu de jours.

L'actrice pâlit :

— C'est une plaisanterie ! murmura-t-elle.

— Un officier du roi ne plaisante jamais

Sur un signe du lieutenant, les quatre dragons s'avancent, saisissent l'artiste, la portent dans une voiture qui attend à la porte ; les soldats montent à cheval, et : « A l'hôpital ! » dit l'officier au cocher...

Le carrosse roule.

— Attendez, dit la cantatrice, au bout de quelques instants, je crois que je vais mieux...

— Le roi désire, mademoiselle, que vous vous portiez tout à fait bien, et que vous chantiez votre rôle ce soir même.

— J'essayerai, murmura la prisonnière.

— Au théâtre! dit le lieutenant au cocher.

La cantatrice s'habille à la hâte, puis au moment d'entrer en scène, elle dit à son geôlier :

— Monsieur, puisque le roi l'exige, je vais chanter, Dieu sait comment.

— Vous chanterez comme une grande artiste.

— Je chanterai comme une artiste enrouée.

— Je ne le crois pas.

— Et pourquoi?

— Parce que je vais placer un dragon derrière chaque coulisse, et au moindre *couac* les soldats vous arrêteront et vous conduiront là-bas.

Du rhume il n'en fut plus question : la prima donna avait retrouvé toute sa voix.

(L'Événement.)

**

L'ARRACHEUR DE DENTS

—

Il y avait un certain maréchal de Normandie qui arrachait les dents sans y toucher, et se vantait même de les arracher au patient sans douleur.

Voici comme il s'y prenait : il mettait un fil retors en deux ou trois doubles, en liait bien la dent et l'attachait à son enclume ; puis il faisait chauffer un fer, et, à chaque coup de soufflet, disait : *Barbariba*. Le fer étant rouge, il le prenait avec sa tenaille et, faisant ouvrir la bouche à la personne, il lui approchait brusquement ce fer du nez. La peur de se brûler faisait retirer le patient, qui laissait sa dent au bout du fil.

Il ne faisait pas de même quand il voulait s'arracher une dent. Il prenait son arbalète, la bandait et attachait à la corde de l'arc un fil à deux ou trois doubles, dont l'autre bout était attaché à sa dent, puis il tirait son arbalète, qui emportait sa dent si légèrement qu'il ne sentait, disait-il, aucune douleur.

(Contes à rire.)

*
* *

LA VIPÈRE ET LA SANGSUE.

FABLE

La vipère disait un jour à la sangsue :
« Que notre sort est différent !
On vous cherche, on me fuit : si l'on peut, on me tue ;
Et vous, aussitôt qu'on vous prend,
Loin de craindre votre blessure,
L'homme vous donne de son sang
Une ample et bonne nourriture :
Cependant vous et moi faisons même piqûre. »
La citoyenne de l'étang
Répond : « Oh ! que nenni, ma chère ;
La vôtre fait du mal, la mienne est salutaire. »

Par moi plus d'un malade obtient sa guérison :
Par vous tout homme sain trouve une mort cruelle.
Entre nous deux, je crois, la différence est belle ;
     Je suis remède, et vous poison. »

    Cette fable aisément s'explique :
    C'est la satire et la critique.

FLORIAN.

*
* *

QUELQUES COMBLES

—

— *Le comble de la maladresse* : Attraper une entorse en courant après une chimère.

— *Le comble de l'amour de l'art chez un médecin* : Vacciner un bras de la Marne.

— *Le comble de la passion de la danse* : Boire de l'eau de Vals pour s'entretenir le pied.

— *Le comble de l'avarice* : C'est d'en avoir à chaque jambe.

— *Le comble de la force musculaire* : Soulever l'indignation générale.

— *Le comble du mérite pour un cocher* : Faire galoper une phtisie.

— *Le comble de la capacité pour un médecin* : Vouloir soigner un crayon qui a mauvaise mine.

*
* *

LA PHTHISIQUE IMAGINAIRE

—

Elle a de l'embonpoint, et sa gorge imposante
  Étale largement toute sa majesté.
  On la taxe partout de fourchette excellente,
  On s'écrie à sa vue : Oh ! la belle tante !

  Pourtant, elle se croit atteinte de phthisie,
Bien qu'elle n'eut jamais qu'un rhume de cerveau,
  Elle prétend traîner une mourante vie,
  Porte son deuil et va prier sur son tombeau.

Tous les ans elle dit : « Comme une feuille morte,
« Oui, de moi c'en est fait, cet automne m'emporte, »
Puis on l'entend pousser un robuste soupir.

Elle se pleure, et dans un médaillon porte
De ses propres cheveux. Sans jamais affranchir,
Vous écrit en signant : Celle qui va mourir.

A. MONNIER (*Les Incarnations d'Ève*).

*
* *

L'IMPRÉCATION DU MORCEAU
DE VIANDE

—

Un cercle de fer étreint mon crâne et, de minute en minute, une invisible main resserre
tortionnairement l'écrou. Contre mes tempes

endolories, mes artères battent à coups redou-
blés, béliers obstinés, pendant que mes extré-
mités se glacent d'un froid mortel.

Je sens dans mon estomac (tel un fort navire
désemparé roule, au hasard des vagues), oui, je
sens dans mon misérable estomac des ondula-
tions profondes, des soulèvements alternés qui
montent par instants jusqu'au pharynx et vont
le déborder. Une mer acide brûle mes parois
et le pyrosis y applique sans pitié ses fers
chauds.

Je n'ai même plus la force d'entr'ouvrir mes
yeux, et par la nausée, le spasme et l'inexpri-
mable angoisse, j'entends que s'élève vers moi
du fin fond de mon estomac tourmenté l'impré-
cation du morceau de viande :

« A mon tour, je te tiens, meurtrier !

« Hier, je vivais, tout heureux de vivre.
J'étais ton innocent compagnon, malmené souvent ; mais je m'en contentais, et je me croyais
quitte en te donnant mon lait et mes engrais,
tout ce qui était de moi.

« Par surprise, traîtreusement, tu m'as mis à
mort de ta main, de cette main que je te lé-
chais...

« Sans trembler, tu m'as arraché de ma peau
sanglante ; tu m'as, par morceaux, découpé sans
pâlir ; tu m'as, sans remords, disposé sur le
gril ardent ou jeté dans l'odieuse marmite, et,
sans que ton être entier se soulevât d'horreur,
tu m'as ingurgité...

« Maintenant, c'est la victime qui devient le bourreau ; je me venge !

« A mon tour, je te tiens, meurtrier !

« Quoi ! tu plaides, homme culinaire ? — Ma chair, réponds-tu, t'était nécessaire, indispensable !

« Gourmand et menteur ! Te suis-je donc à toi plus indispensable et nécessaire qu'aux quatre-vingts centièmes de ton espèce humaine, qui, sur l'orbe terrestre, depuis l'indénombrable Indou jusqu'au paysan de tes montagnes et de tes plaines, s'abstiennent à jamais de chair et ne tuent pas pour vivre ?

« Tes dents ne t'ont-elles pas immutablement et sans appel désigné ce que tu mangeras ? As-tu seulement, comme tous les carnivores, des dents pour la déchirer, cette chair que tu as la prétention de manger ? Mais tu n'as reçu que des molaires et tu n'as même pas, malheureux ! des canines comme le dernier macaque d'Algérie, qui, plus sobre que toi, ne vit que de grains et de fruits.

« Quoi encore ! Tu invoques tes docteurs à ton aide : tu ne peux te passer de nourriture animale dans les villes ?

« Et qui te force à vivre dans tes villes, où tu respires, benêt ! l'air que ton voisin a expiré ; où tu te tasses et entasses jusqu'à superposer même tes charognes, au lieu de vivre au large dans le bien-être, de dilater tes poumons dans ta force et ta liberté !

« Tais-toi donc, et frémis, scélérat! Par la tombe de Brisse le baron! sur toi je me venge et je venge la nature entière!

« Dans ton œsophage dévasté, de tout mon poids je pèse sur tes intestins indûment raccourcis, plus lourd qu'un article de Sarcey! Je t'étouffe à la fois et je t'empoisonne, et par moi tu souffres à ton tour, et par moi tu vas à ton tour périr!

« J'ai déjà lâché dans les cavernes de ton charnier l'essaim des fièvres pernicieuses, sthéniques ou asthéniques; la putride, la muqueuse et la typhoïde se disputent entre elles ton cas, proie dévolue, et dans ton gazomètre infâme j'ai déchaîné les gaz sans nom, internes combattants subtils et brutaux.

« Je te voue aux gargouillements, aux borborygmes, aux éructations, aux flatuosités honteuses!

« Je te livre encore à la colique, aux tranchées, à la diarrhée, à la constipation, à la dyspepsie, au choléra, à la peste! Meurs dans la fièvre, dans les convulsions, les sueurs, par l'atroce agonie, mordu, rongé, ulcéré, percé, torturé, rompu, tenaillé, exaspéré! Crève, devenu objet d'horreur et de dégoût même pour tes proches, ballonné, malodorant et même contagieux!

« Ça t'apprendra à manger de la viande!...

« Peuple, Monselet te trompe!!! »

NADAR.

* *

NOUVELLES A LA MAIN

—

Conversation surprise entre sénateurs :

— Où achetez-vous donc vos dents?

— Chez X...

— Elles ont l'air très bien conditionnées.

— En effet, elles jouent admirablement la nature. Elles jouent tellement la nature, que quelquefois elles vous font mal.

* *

Une jeune femme charmante et nerveuse reçoit la visite de son médecin.

— Ah! docteur, fait-elle languissamment, je souffre beaucoup... le sommeil est très agité, toujours des rêves !

— On peut rêver sans être souffrant, fait savamment observer le prince de la science.

— Oui, répond l'élégante malade, mais les rêves que j'ai sont d'une intensité effrayante, et ne me laissent aucun repos. Ainsi, tenez, cette nuit j'ai rêvé que je me mariais. Eh bien! à part l'église, la mairie, enfin la cérémonie que je n'ai pas vues, tout était d'une réalité absolue.

Le docteur sourit :

— Alors, madame, vous allez bientôt rêver que vous avez besoin de moi.

* * *

Le médecin en chef d'une ville d'eaux avait défendu le melon à ses malades, vu la cholérine qui régnait dans le pays.

Un de ses clients le surprend, l'autre jour, à table, en face d'une énorme tranche du fruit si sévèrement prohibé par lui.

— Comment! docteur, vous mangez du melon, après les recommandations que...

— Oui, dit le docteur en l'interrompant, mais je le saupoudre de bismuth!

* * *

X..., auteur dramatique, qui compte de nombreux succès, était assis devant le perron de Tortoni et dégustait savamment un verre d'absinthe.

Sa femme vint à passer.

— Je t'y prends, lui dit-elle sans trop d'aigreur; tu sais que le médecin t'a interdit l'absinthe...

— Chère amie, interrompit le coupable avec empressement, je te prie de regarder cette bouteille placée sur le plateau!

— Eh bien?

— Je prends de l'absinthe, c'est vrai, mais je la prépare à l'eau de Vichy!

* * *

Une vieille fille, dont la figure a servi de cible

à la petite vérole, demandait à Grévin si les ravages du mal se voyaient beaucoup.

— Oh! répondit galamment le célèbre caricaturiste, avec un sou de mastic, il n'y paraîtra presque plus.

*
* *

Un millionnaire parisien, atteint d'une affection déclarée mortelle, obtient d'un célèbre praticien de l'opérer.

Le millionnaire guérit et demande au chirurgien combien il lui doit, en ajoutant :

— Vous m'avez sauvé la vie!

— Vous me devez 3000 francs, répond le chirurgien.

— Oh! que c'est cher! ne pourriez-vous pas me passer cela pour 1500 francs?

— Vous estimez votre vie 1500 francs? Comme vous devez savoir mieux que moi ce qu'elle vaut... j'accepte!

*
* *

Entendu à l'Eldorado, par Ducastel.

— Comment appelez-vous celui qui tue son père ou sa mère?

— Un parricide.

— Celui qui tue son frère?

— Un fratricide.

— Et celui qui tue son beau-frère?

— . . . . ?

— Un insecticide; parce qu'il détruit *l'époux* de sa sœur.

*

Le docteur X... est atteint de cette horrible maladie qu'on nomme la pierre; mais il supporte ses souffrances avec tant de résignation, tant de philosophie, que le professeur X... disait de lui :

— C'est à croire qu'il a la pierre... philosophale.

*

LES IVROGNES

J'aime les gais propos, la folie après boire,
Et quand j'entends chanter, à la fin d'un banquet,
La mère Godichon ou la mère Grégoire,
J'aime à faire chorus après chaque couplet.

Mais quand je vois passer de ces immondes trognes,
Titubant en marchant, roulant sur le chemin,
Je trouve que c'est peu de les traiter d'ivrognes.
Ces êtres dégradés, pour moi, n'ont rien d'humain.

De hoquets écœurants ils ont la bouche pleine;
Leur passage partout fait naître le dégoût.
Ils n'ont plus rien de l'homme et de l'espèce humaine.
C'est la honte ici-bas, c'est le fond de l'égout.

Sévissez franchement contre l'ivrognerie,
Contre tous ceux qu'on voit rouler dans les ruisseaux.
Qu'on construise pour eux une léproserie.
Et qu'on mette au fronton : « Hospice des pourceaux. »

F. Duvert.

* *

UNE BONNE RÉCLAME

—

Le *Journal de Vichy* raconte la cure authentique dont suit le récit. Nos lecteurs voudront bien comprendre par quel sentiment de réserve nous supprimons les noms propres.

« Un événement singulier vient de se passer à Londres.

« Il y a quatre ans, un nommé Djem Tish était condamné à cinq ans de prison pour dettes. Il essaya bien d'éviter les recors, mais on finit par le cueillir, et on l'enferma dans la geôle de Clerkenwell.

« Pendant les premiers jours, Tish fut en proie à un désespoir légitime, et pensa très sérieusement à mourir de chagrin. Puis il se consola, et, n'ayant rien de mieux à faire, se mit à lire et à manger toute la journée. A manger surtout.

« Dévorer quatre heures par jour sans prendre d'exercice, cela rend forcément obèse l'homme le plus maigre; et trois ans suffirent à Tish pour devenir tellement énorme, qu'un beau jour il lui était impossible de passer par la porte de sa cellule pour aller prendre l'air.

« Ce fut justement à cette époque que sa famille se décida à payer ses dettes, si bien qu'on reçut l'ordre de le mettre en liberté.

« Impossible ! par quelque côté qu'il s'y prît, de face, de profil ou de trois quarts, il ne pouvait sortir.

« Il adressa alors une pétition au gouvernement pour obtenir que sa cellule fût démolie à ses frais. Mais chacun sait qu'en Angleterre on ne peut, ni pour or, ni pour argent, toucher aux immeubles de la reine.

« Le malheureux Tish fût donc resté toute sa vie prisonnier si, un jour, un journal français ne lui était tombé sous les yeux. Ce journal parlait des merveilles opérées par l'eau de X... qui rend la minceur aux plus épais, et qui en fournit l'exemple en la personne de son médecin M. X...

« Tish était si gros qu'il lui fallut deux mois de traitement pour sortir enfin de sa cellule ; mais depuis quarante-huit heures il est venu se fixer à Paris. »

*
* *

LE JUGEUX D'EAU

—

CONTE NORMAND

Un bon curé de Normandie
Souffrait de je ne sais plus quelle maladie ;
Condamné par les médecins,
Abandonné de tous ses saints,
Il résolut, en désespoir de cause,
De confier la chose
A certain *jugueux d'eau* qu'il entendit vanter

Par tout le monde
Pour sa science profonde.
— « Tiens ! dit-il à sa bonne, va porter
Au célèbre jugeux, afin qu'il l'examine,
Ce flacon plein de mon urine,
Va vite, et ne sois pas longtemps. »
Toinon, raconte la chronique,
N'avait que vingt-deux ans.
C'était un âge assez peu canonique,
Mais le bonhomme était si vieux
Que l'on n'osait sur eux
Aucune plaisanterie.
Voilà notre Toinon partie,
Sa bouteille à la main,
Quand soudain,
Sur sa route,
Simple hasard sans doute,
Elle trouva le beau Colas.
Et la belle, aussitôt, tout bas,
De lui conter l'affaire.
Ce qu'on rit du curé, vous voyez ça d'ici ;
Mais, tout à coup, dans leurs ébats, voici
La bouteille qui tombe et l'urine par terre.
Chez nos amoureux, grand émoi :
— C'est ta faute. — Mais non, c'est toi.
— Bah ! dit Colas d'un air sceptique,
Le malheur n'est pas grand, et ma foi je me pique
De bientôt tout réparer ;
Attends-moi là sans murmurer.
Il part, court et revient avec une bouteille
Toute pareille.
Puis il lui dit tout bas
Quelques mots à l'oreille,
Et Toinon riant aux éclats
Disparut un instant derrière une futaie,
— « Parbleu ! s'écria-t-elle, émergeant de la haie,
T'as de l'esprit comme un môssieu,
Mon urine vaut bien la sienne,
Comme avant la bouteille est pleine,
Et le vieux jugeux d'eau n'y verra que du feu ! »

Enfin la voilà chez notre empirique,
     Elle dit son affaire au long
          Et donne son flacon
          Avec un air ironique.
Le bonhomme longtemps, longtemps, flaira, pesa,
          Analysa
          L'urine sacro-sainte.
          — « Eh bien, dit-il enfin,
          Avec un sourire malin,
Eh bien, votre curé, m'am'selle, il est... enceinte! »

LÉO TRÉZENICK (Les Gouailleuses).

* *

ÉPISODE DE LA VIE DE PRATICIEN

—

Une célébrité de médecin qui prend naissance dans une loge de portier monte souvent jusqu'au premier étage, et rayonne même dans plus d'un arrondissement ; la pauvre concierge (1), en deux ou trois jours, recouvra une santé parfaite, et cette cure merveilleuse devint la nouvelle de tout le quartier. J'avais sauvé une portière : ma fortune était faite.

Très peu de temps après, j'avais trois clients... de jour ; parmi ces clients, était une cliente, femme riche, d'un certain âge, mais malheureusement très obèse, et il fallait la saigner. « On

(1) Elle avait dû subir le tamponnement des fosses nasales pour une épistaxis grave et rebelle.

ne parle, monsieur, me dit-elle, que de votre honorabilité, que de votre savoir, et je quitte mon médecin pour recevoir les soins d'un homme déjà si célèbre. Toute ma société fera certainement comme moi, et vous aurez en peu de temps la plus belle clientèle de Paris. »

J'ai souvent entendu dire à mon professeur et vieil ami, M. Roux, le plus adroit chirurgien du monde, qu'une saignée à faire lui donnait toujours des inquiétudes, et ces inquiétudes-là commençaient fort à me prendre ; enfin il fallait en venir au fait et s'emparer du bras de la malade ; elle ne tarissait pas d'éloges, et il s'agissait de s'en montrer digne. Je plonge la lancette, et la veine n'est pas atteinte ; je replonge la lancette, et le sang ne coule pas. Oh ! alors la scène change : « Vous n'êtes qu'un maladroit ; le plus petit chirurgien saigne mieux que vous. Que je plains les malades qui se mettent entre vos mains ! Pansez-moi au plus vite, et allez-vous-en ; me voilà peut-être estropiée. » On se doute de l'état de mon âme dans une pareille crise ! Le jour de ma grandeur avait été la veille de ma décadence, et une saignée manquée avait fait crouler tous les châteaux de cartes de ma prompte et populaire célébrité ; l'humiliation se mêlait à mon désespoir, et en rentrant chez moi, d'une voix décidée, je dis à ce pauvre Justin, mon portier, que je fis depuis garçon de l'Opéra : « Justin, je ne veux plus faire de médecine, pas même de saignée, et si on vient vous demander

un médecin, vous répondrez qu'il n'y en a plus
dans la maison.   Dr VÉRON.

(*Les Mémoires d'un Bourgeois de Paris.*)

****

TUTÒ, CITÒ ET JUCUNDÈ [1]

—

AIR : *La Robe et les Bottes.*

Après avoir créé notre art sublime,
Dieu d'Epidaure, on dit qu'à tes enfants
Tu fis le don d'une belle maxime
Qui dut partout les rendre triomphants,
Et pour guider dans sa noble carrière
Le médecin par ta main secondé,
Tu décoras toi-même sa bannière
Des mots *tutò, citò et jucundè.*   (*Bis.*)

Ce jour-là même en un banquet immense
Vont s'attabler tous les nouveaux vivants.
Du Dieu Bacchus la joyeuse présence
Met la gaîté chez nos jeunes savants.
On frappe, pan ! C'est la peste maudite,
Triste fléau par Jupin commandé ;
Plus de festin, docteurs, décampez vite,
Vite *tutò, citò et jucundè.*   (*Bis.*)

L'étudiant de nos jours qui commence,
Dans la carrière entre, joyeux lutteur.
La médecine, ainsi qu'un lac immense,
Offre à ses yeux un mirage enchanteur...
De Dupuytren il rêvait l'héritage,
Dans son taudis tristement accoudé,

(1) Chanson composée pour le banquet de l'Internat, le
4 mars 1876.

Mourant de faim, il pense à son village,
Aux mots *tuto, cito et jucunde*.   (*Bis.*)

Dans le Sérail quel bruit, quelle tempête !
La favorite est en train d'accoucher ;
Allons, docteur, délivrez sans attendre,
Car chez les Turcs il se faut dépêcher.
De Damoclès pensant à l'affreux glaive
Le malheureux se voit au pal soudé.
La pointe brille, il sent qu'on le soulève,
Adieu *tuto cito et jucunde*.   (*Bis.*)

Tout fatigué du labeur de la veille
Le praticien goûte enfin le repos,
Debout, docteur, vite, que l'on s'éveille,
Voici venir un exprès en sabots.
La nuit est sombre et la neige est épaisse
Plus de chemin, le fleuve est débordé.
Il faut marcher, l'humanité te presse,
Marche *tuto, cito et jucunde*.   (*Bis.*)

Ce grand docteur, que si fort on renomme,
Que le public mettrait au rang des dieux,
Vous l'enviez, et de Paris à Rome
On ne connaît de mortel plus heureux !
Mais de son temps quand est-il donc le maître ?
Par le malade en tous lieux obsédé
Il est partout, jamais chez lui peut-être…
Vit-il *tuto, cito et jucunde* ?   (*Bis.*)

Je ne connais qu'un temps à notre vie
Où la devise aura toujours raison ,
C'est l'Internat, cette échelle infinie
Dont nous montons gaiement chaque échelon.
Grand Esculape, avec bonté, regarde
Ta jeune troupe, elle a toujours gardé,
Ecris aux murs de la salle de garde,
Les mots *tuto, cito, et jucunde* (*Bis*).

Dr E. TILLOT.

*
* *

LE NEZ D'UN SACRISTAIN

—

Un monsieur voulant légitimer des liens irréguliers, mais craignant un esclandre de la part de quelques-unes de ses anciennes pseudo-épouses, résolut de se marier à l'église Saint-Seurin à l'heure de minuit.

Naturellement le souper précéda la cérémonie, et un des invités, en entrant dans le lieu saint, était tellement... complet, que tirant de sa poche un flacon de cognac, il voulut à toute force en faire goûter au sacristain. La gent goupillonneuse ne dédaigne pas les alcools, mais chaque chose a son temps, et le sacristain voulut expulser l'invité, qui du reste caractérisait très bien son état en s'écriant dans un élan de véracité incontestable : « Je suis soûl comme une bête. »

Un autre invité prit ouvertement le parti du premier, et entre ses dents le nez du sacristain, qu'il trancha d'un seul coup et recracha bientôt au loin... Toute la noce se mit à la recherche du nez, qui, lancé avec force, avait roulé sur les dalles et restait introuvable. Ce ne fut qu'une heure après qu'on le rencontra au pied d'une colonne, froid, ratatiné, couvert de poussière ; néanmoins le Dr Maudillon, appelé en toute hâte, ne désespéra pas de rendre au sacristain l'appendice nasal si indignement maltraité. On le lava dans le bénitier et on le recousit proprement ; quelques jours après, le succès était complet. Quant à l'agresseur, il fut condamné, par le tribunal correctionnel de Bordeaux, à 3,000 francs d'amende et à dix mois de prison.

**

UNE MALADIE INCURABLE

—

Poète, dites-vous?... Vous me sacrez poète
Pour deux méchants quatrains suivis de deux tercets !
C'est aux honneurs du Pinde ouvrir facile accès ;
Vous tenez donc toujours quelque couronne prête?

Non, je suis médecin : c'est ma seule étiquette,
Sans le moindre ruban étranger ou français.
Par-ci, par-là, j'obtiens, dit-on, quelque succès,
A cent pas à la ronde on connaît ma sonnette.

Je panse des blessés, je traite des fiévreux :
Ce n'est pas mon métier de voir des gens heureux ;
Contre la maladie enfin je me démène.

Mais un mal que jamais nul ne pourra guérir,
Un mal dont on a vu plus d'un pays mourir, [maine.
C'est — n'ayez peur pour vous — c'est... la bêtise hu-

**

CONSULTATION EXCEPTIONNELLE

—

Un médecin, aussi israélite que célèbre, a une manière facile pour s'enrichir. Ainsi se font les bonnes maisons.

Le docteur X... rencontre un jour au bain froid un de ses clients.

On échange dans l'eau un :
— Bonjour .. Vous allez bien ?
— Pas trop mal... Un peu mal à la tête.
— Le bain vous enlèvera ça.

Et deux mois après, sur le relevé des soins de l'année, le client lisait : *Consultation à l'école de natation, 20 francs.*

* *

UN DUR A CUIRE

—

A l'Hôtel-Dieu, Jobert, dit de Lamballe,
Va pour brûler le genou d'un maçon.
« Vite, apportez le réchaud dans la salle,
« Faites chauffer les fers... Allons, garçon !... »
L'instrument trace un sillage grisâtre
Sur la peau blanche, et répand cette odeur
Que sent la corne en brûlant dans un âtre.
Au malheureux ouvrier, la douleur
Arrache un cri. — « Sacrebleu ! » fait le maître,
« Montrez-nous donc un courage viril ;
« Souffrez un peu, sans le laisser paraître.
« Çà, qu'on me donne un second fer, » dit-il.
Mais le pauvre aide, en cautères novice
Au lieu du manche a présenté le fer.
Jobert se brûle, et ce léger supplice
Semble à ses yeux émané de l'enfer.
« De l'eau, de l'eau ! Je souffre le martyre ! »
Son doigt pansé, Jobert à l'opéré
Vient tout grognant. Le maçon de sourire
Malignement : « Pardon si j'ai montré
« Pour la brûlure un cœur trop timoré ;
« Je ne suis pas, chirurgien vénéré,
« Ainsi que vous un dur à cuire. »

**

GENDRES ET BELLES-MÈRES

—

Il y a trois jours, à la reprise du froid, le docteur R... va voir une de ses clientes qui se plaignait de fortes lourdeurs de la tête.

A peine entré dans la chambre de la malade, il avise un poêle américain :

— Pas de doute, madame, lui dit-il, c'est ce poêle qui est la cause de votre malaise. Enlevez-le au plus vite. Il y va de votre vie.

— Mais il m'a coûté cent francs. C'est cent francs de perdus !

— Eh bien, madame, dit le médecin en souriant, faisons une affaire : je vous le prends pour vingt-cinq francs. J'en trouverai toujours bien le placement.

La dame consent.

A quelques jours de là, la dame, qui désirait déménager, va visiter un appartement. Le premier objet qui frappe ses yeux, c'est son poêle.

— Qui donc demeure ici ? demande-t-elle à la bonne qui lui montrait la pièce.

— C'est Mme Z..., répondit la bonne, la belle-mère du docteur R...

—

Le docteur X... se promenait avec un de ses amis, lorsqu'ils aperçurent une dame d'un

certain âge et à la figure revêche. Le médecin
s'empressa de traverser la rue pour l'éviter. Son
ami voulut en connaître la cause : « J'ai soigné
son gendre, répondit le docteur. » — Et vous avez
eu le malheur de le laisser mourir? — Au contraire, je l'ai sauvé, répliqua le médecin.

—

Un élève à son professeur qui vient de se marier :

— Monsieur, dit-on : un emplâtre ou une
emplâtre?

— Cela dépend, mon ami. Quand il ne s'agit
que de morphine ou de belladone on dit : un
emplâtre; mais, quand il s'agit d'une belle-mère,
on dit : *une* emplâtre.

—

A une belle-mère à qui l'on adresse des compliments de condoléance au sujet de la mort de
son gendre.

— Et a-t-il beaucoup souffert?

— Pas assez !

—

Touchatout, dans le *Trombinoscope*, cite une
belle-mère qui, à l'âge de quarante-neuf ans, au
lendemain d'une soirée où son gendre avait été
malade d'avoir entendu trop de musique, s'est
mise à apprendre le piano.

．．

L'HOPITAL

—

Une bâtisse sombre avec des murs tout gris ;
De grands jardins banals aux arbres rabougris ;
Des fenêtres partout ; derrière, aux vitres sales,
Quelques êtres chétifs montrant leurs têtes pâles
Où la souffrance a mis son maquillage affreux...

Prenons la rampe jaune aux barreaux poussiéreux,
Aux marches, par endroits, d'humidité mangées...
Voici la salle immense, avec ses deux rangées
De lits numérotés comme des cabanons,   [noms,
Car, dans cet enfer, homme ou femme, on perd ses
On devient numéro : monsieur sept, madame onze,...

Dans un coin, un autel et sa Vierge en faux bronze ;
Puis, massive, au milieu, couverte d'un grand drap,
Une table où s'étale un énorme angora,
Qui ronronne, tranquille, au milieu des pommades,
Des bandes, des alcools, des pots, des limonades,

Et flaire sans dégoût les bassins pleins de pus,
Les bistouris sanglants d'humaine chair repus,
Les bandages souillés, les compresses gluantes...
Dédaigneux du contact de ces choses puantes.

Et le chef est parti, laissant les carabins
Qui font leurs pansements en contant les potins
De Bull-Parc, de Clamart, de la grande Marie,
De l'école, du cours ou de la brasserie...

Mais bientôt ils s'en vont, bras dessus bras dessous,
Déjeuner chez Mougeon, à trente-quatre sous ;

Et le gros angora, la panse bien garnie,
Ronronne, paresseux, auprès d'une agonie...

Pierre Infernal.

(*La journée d'un carabin.*)

*
* *

LA FILOUTOTHÉRAPIE

—

Je ne suis pas bien satisfait de la formation du mot.

Mais je n'ai pas pu réussir à mieux condenser ma pensée.

Voici la chose :

Les faits divers racontent qu'un brave bourgeois de province, qui était paralysé depuis six ans, a soudain reconquis l'usage de ses jambes dans de singulières conditions.

Au milieu de la nuit, un bruit frappe son oreille.

Il écoute plus attentivement.

Plus de doute. Des voleurs forcent son coffre-fort dans la pièce voisine.

Une sueur abondante l'inonde.

Le travail continue.

A la fin il se lève sur son séant par un effort prodigieux, saute à bas de son lit et court à la chambre où on était en train de le dévaliser, en criant à tue-tête :

— Au voleur ! au voleur !

Tiens, tiens !... C'est miraculeux, cela.

Ne vous semble-t-il pas qu'il y aurait lieu d'exploiter l'idée?

Il ne faut pas que ce cas reste isolé. Et l'histoire du bourgeois peut devenir le point de départ d'une médecine nouvelle.

La médecine fondée sur le vol ! La *filoutothérapie !* Comme on est injuste tout de même ! On ne reconnaissait pas l'utilité de ces pauvres méconnus.

Bien loin d'encourager la propagation de l'espèce des voleurs, on les traquait de mille façons.

On contrariait de toutes les manières ceux chez qui cette vocation venait à se révéler.

On les traitait comme des parias, eux qui vont prendre place parmi les bienfaiteurs de l'humanité, eux qui vont être les dispensateurs de la santé pour un tas de valétudinaires.

Du moment, en effet, que la paralysie se guérit à leur intervention, il y a lieu de les choyer et de les encourager.

Ce sont des docteurs incompris, voilà tout.

Il ne restera plus qu'à bien graduer le traitement.

Pour un simple torticolis, il suffira d'une petite tentative de vol à la tire.

Un foulard subtilisé le guérira radicalement.

Pour un lombago, vol simple.

Pour un rhumatisme, vol qualifié.

Pour un rhumatisme articulaire, vol de nuit.

Pour une paralysie, vol dans une maison habitée.

Pour une paralysie remontant à plusieurs années, vol avec escalade.

Et même, s'il se présente un cas par trop rebelle, on pourra être forcé d'ajouter la tentative d'assassinat, non réussie bien entendu.

Comment un paralytique reculerait-il devant un léger coup de couteau pour recouvrer à jamais l'usage de ses membres?

Le malheur, c'est qu'on s'aperçoive si tard du parti qu'il y a à tirer de toute une caste décriée jusqu'à présent.

Un Dumollard, bien dirigé, pouvait, qui sait? devenir la providence de la goutte sciatique.

Devant la correctionnelle, quels dialogues imprévus de président à accusé :

— Pourquoi avez-vous volé monsieur?

— Par philanthropie... Je lui savais une ataxie locomotrice, et j'espérais que ça lui ferait du bien.

Il y aura bientôt aussi la Faculté de Mazas et la Faculté de Poissy.

L'inconvénient, c'est que le traitement pourra coûter un peu cher.

Si, à chaque consultation, le voleur vous dépouille complètement, ce sera encore pire que les honoraires des médecins réguliers.

Mais, que voulez-vous! Il n'y a pas de médaille sans revers.

D'ailleurs, étant donné le prix auquel certains

docteurs cotent leurs soins inefficaces, la différence ne sera pas sensible.

Et, en plus, on aura une chance de guérison qu'on a bien rarement avec les autres méthodes.

Allons, décidément, la *filoutothérapie* est grande, et je vous prie de ne plus manquer de respect à ses prophètes.

E. VILLIERS (Le Charivari).

**

LE RHUME DE CERVEAU

—

Les hommes, un beau jour, furent tous enrhumés,
Et les savants docteurs de France et de Navarre
Lancèrent prospectus, brochures, imprimés,
Pour tâcher de guérir l'universel catarrhe.
Les remèdes prônés ne faisant aucun bien,
Et les éternûments suivis des maux de tête
Continuant toujours, ils se mirent en quête
D'un nouveau spécifique, et ne trouvèrent rien.
Alors, pour se venger d'un rhume aussi tenace,
Ils s'assemblèrent tous, et l'un d'eux fort sagace,
Pour faire quelque chose, aussitôt proposa
D'appeler désormais l'affreux mal *coryza !*

**

ERREUR D'ADRESSE

—

Un honorable médecin de Londres envoie un de ses commis porter une boîte de pilules à un malade, et une caisse contenant six poules vivantes à un de ses amis.

Malheureusement le commis se trompe et remet la caisse au malade et les pilules à l'ami.

Vous devez comprendre facilement la stupéfaction du patient lorsque, avec les poules, il reçoit la prescription suivante :

« En avaler deux toutes les demi-heures. »

*
* *

VIEUX QUATRAIN

—

Si la fièvre d'amour avait, quand il nous berce,
Ses jours intermittents comme la fièvre tierce,
On serait ces jours-là honteux jusqu'à l'excès
Des sottises qu'on fait quand on est dans l'accès.

*
* *

LE MONSTRE

—

Tout le monde connaît, ne fût-ce que par les chroniques de théâtre, une jolie fille qui a eu, au Palais-Royal et ailleurs, de vrais succès dans le genre cascadeur. Nous ne voulons pas imprimer son nom, parce que, dans l'aventure que nous allons raconter, elle joue un rôle particulièrement désagréable. Mais tous ceux qui sont au courant de la vie parisienne sauront vite de qui il s'agit.

Ajoutons que notre héroïne est brune, un peu

13.

boulotte, et a les plus beaux yeux noirs du monde.

Ces flatteurs attraits avaient si complètement séduit, il y a cinq ans, un jeune médecin de grand avenir, qu'il se mit à vivre presque maritalement avec Mlle X...

On ne demeurait pas tout à fait ensemble, mais il s'en fallait de bien peu.

Mlle X... devint enceinte. Elle s'en réjouit très sincèrement et son ami aussi.

Une amère désillusion leur était réservée. Mlle X... accoucha d'un véritable monstre, un affreux petit bonhomme à deux têtes et quatre bras, et qui, par-dessus le marché, était couvert de poils.

Du reste, sentant, avec une précocité au-dessus de son âge, qu'il ferait assez triste figure en ce monde, il n'insista pas, fit couic, et mourut.

Une mère est toujours une mère.

— Jure-moi, dit l'artiste au médecin, que, tout monstre qu'il est, tu le feras enterrer comme tout le monde.

Le docteur jura par les serments les plus solennels; et, trois jours après, son déplorable héritier figurait en bocal au muséum du Jardin des plantes avec cette inscription :

Offert par M. le docteur D...

La science avait été plus forte que l'amour paternel.

Mlle X... ne s'en douta pas, revint à la santé,

oublia, et, comme il n'est si bonne compagnie dont on ne se lasse, elle finit par avoir assez de sa longue liaison avec le docteur D...

Il y a quatre jours, le plus définitivement du monde, elle lui donna un successeur, et somma son ancien amant d'avoir à lui rendre sa correspondance. Elle avait promis au nouveau qu'ils brûleraient ensemble les vestiges d'un passé odieux.

Avant-hier, à huit heures, comme ils prenaient le thé en tête-à-tête dans le joli petit appartement que Mlle X... occupe rue Sainte-Anne, la bonne entra discrètement et prévint sa maîtresse à voix basse que l'on apportait un paquet de la part du docteur.

— Elles ne pouvaient arriver mieux, s'écriat-elle en battant des mains. Nous allons les détruire avant de nous coucher.

En même temps, entre ses paupières mi-closes, elle coulait à son nouveau seigneur et maître un regard brûlant, qui promettait qu'après l'auto-da-fé on éteindrait d'une façon encore plus énergique tous les vieux souvenirs.

La bonne apporta le paquet.

— Sapristi ! vous lui écriviez souvent, fit monsieur avec rancune, en voyant un ballot de quarante bons centimètres carrés.

— Mais il y a là autre chose que mes lettres ! exclama l'actrice stupéfiée, en faisant sauter la ficelle.

Hélas ! oui, il y avait autre chose. Il y avait un bocal, et nageant dans de l'esprit-de-vin un avorton à double tête, à quatre bras et tout velu.

C'était son fils, c'était bien son fils, ce fils malencontreux qu'elle croyait enterré au cimetière Montmartre, et dont le bocal, sa demeure dernière, portait cette inscription toute fraîchement écrite de la main du docteur :

Offert par M. le docteur D...

La pauvre femme, affolée, jeta un regard éperdu sur le bocal, où le misérable avorton semblait positivement rire d'un air narquois avec ses deux figures, s'écria : « Dieu ! mon fils !... Oh !... le misérable ! » et s'évanouit.

Quand elle revint à elle, son ami était parti en poussant un cri du cœur qui lui fut répété par sa bonne :

— Ah ! bien non alors, si elle les fait comme ça !...

Le plus triste de l'affaire, c'est que l'histoire a transpiré et qu'elle fait la joie de tous les théâtres de Paris. *(Le Petit Quotidien.)*

**
* **

LE MÉDECIN BANAL (1)

—

Contre la mort sœur Alix bataillait :
Bon cœur avait, mais le corps défaillait
Faute de suc. Or adieu la voiture,
Dit gravement un docte médecin !

(1) Qui se met à la disposition de tout le monde.

Grand est le mal, subtil est le venin.
Maints élixirs, pour aider la Nature,
Sont ordonnés, pilules, cordiaux,
Décoctions, extraits de minéraux.
Rien ne servaient drogues d'apothicaire,
Alix mourait, on la saigne aux deux bras :
Alix mourait, on lui donne un clystère,
Tout aussi peu. Je ne m'y connais pas,
Dit le Docteur, et soudain désespère,
Pinçant sa barbe, et reculant trois pas.
Vint un second qui n'en sut davantage,
Hors que nommait force maux en latin,
Signait arrêts en inconnu langage.
Des deux aucun du mal ne sut le fin.
Un tiers venu d'heureuse expérience,
Dit : *Récipé* le Rameau de science,
Tenez-le bien, et ne lâchez la main ;
Puis le placez... (vous savez tout le train)
A tant qu'ayez de bon suc abondance :
Ainsi vivrez par le Rameau Vital.
Mieux n'eût parlé le divin Esculape ;
Hippocratès mieux n'eût connu le mal.
Sœur Alix mord aussitôt à la grappe,
Et du Rameau tire un suc pectoral.
Quantum satis, on augmenta la dose,
Chaque nonnain voulut savoir la chose,
Et le docteur fut médecin banal.

De Grécourt.

.·.

DEUX ESTOMACS ASSORTIS

—

C'était au moment de la dernière Exposition
universelle. Deux habitants des environs de
Caen, le mari et la femme, étaient attablés dans

un restaurant du Palais-Royal. Le garçon s'empressa de leur présenter la carte du jour en les priant de faire leur menu : « Servez-nous de tout ce qu'il y a là-dessus ! dit le mari. »

Bien que surpris de cet appétit formidable, le garçon ne se le fit pas dire deux fois. On vit successivement défiler, à la table du couple affamé, trois espèces de potages, du poisson à toutes sauces, plusieurs plats d'entrées, légumes, rôtis variés, etc. Le garçon servait toujours, impassible, tandis que la galerie se tordait de rire. Enfin, on leur servit une glace à la vanille. Il est probable que jamais ils n'en avaient mangé, car la femme, la première (toujours l'histoire d'Ève), en prit une certaine quantité qu'elle étala sur un morceau de pain. A peine eût-elle mordu à même à cette tartine d'un nouveau genre qu'elle fit une affreuse grimace ; et, s'adressant à son mari, qui restait stupéfait :

— Oh ! Isidore, s'écria-t-elle, Isidore, ne mange pas de ce beurre-là ! Non ; jamais tu n'as vu rien de plus froid !

Dr E. BARRÉ (*L'Hygiène pratique*).

**

DICTIONNAIRE FANTAISISTE

—

AFFECTION. — Le même mot pour signifier *maladie* et *amour*.

Agonie. — Le commencement de la fin.

Ambulance. — La gloire dans son intérieur.

Amputaton. — Façon dont les chirurgiens font la part du feu.

Anatomiste. — Un monsieur qui suit la Mort.

Anémie. — La drôle de chose ! C'est depuis que la médecine ne nous tire plus de sang qu'on assure que nous en manquons.

Apoplexie. — Congé que la nature n'est pas forcée de donner trois mois d'avance.

Asphyxie. — « Bonsoir, les amis ! Je recours au charbon parce que je manque de braise. »

(Testament d'un bohème.)

Autopsie. — La vraie éloquence de la chair.

Bassinoire. — Soleil de lit.

Bégayer. — Tituber de la langue.

Bobo. — Le mal des autres.

Borgne. — Un demi d'yeux.

Bossu. — Cardinal laïque... — Comment?... — Parbleu !... Son Éminence.

Cache-nez. — Le Conservatoire des rhumes.

Campêche. — Des vendanges qui se moquent du baromètre.

Cerveau. — Une cuisine dont on voit bien

le fourneau, mais dont on n'a jamais vu le cuisinier.

CHEVILLE. — S'adapte indistinctement aux pieds de l'homme et aux pieds des vers.

CHICOT. — Ruines pour gencives.

CHIROMANCIE. — Science qui prétend donner raison à la formule : *Avoir le cœur sur la main.*

CONVALESCENCE. — La lune de miel de la santé.

CRANE. — Une enveloppe qui ne sait pas ce qu'il y a dans sa lettre.

DIABÈTE. — Ce qui peut s'appeler *raffiner la maladie!*

DIGESTION. — Puisse-t-elle ne jamais penser au vers :

Triste retour, monsieur, des choses d'ici-bas.

EAU-DE-VIE. — Ainsi appelée parce qu'on en meurt.

ÉCROUELLES. — Tout ce qui restera bientôt du droit divin.

ÉPIDÉMIE. — La mort en chœur.

ÉPINIÈRE (Moelle). — Un capital que notre époque place en général à fonds perdus.

GASTRALGIE. — L'effet.

GASTRONOMIE. — La cause.

GESTES. — La ponctuation de la parole.

GOITRE. — Une saillie qui ne fait pas rire.

INDIGESTION. — A l'inverse des autres, au baromètre de l'estomac, c'est quand ça remonte que c'est signe de *tempête*.

INTELLIGENCE. — Une horloge qui avance pendant la première moitié de sa durée et qui retarde pendant l'autre.

JAMBE. — Un utile, madame, dont vous avez fait l'agréable.

LANGUE. — L'arme qui a la plus longue portée connue.

LARMES. — Sécrétion aqueuse des glandes de l'œil. (*Un médecin.*)

— En fait de larmes, nous avons d'abord la manne purgative. (*Un pharmacien.*)

— Ce qu'il faut mettre dans l'arrosoir pour faire pousser les carottes. (*Une petite dame.*)

LAURIER. — La vilaine plante, qui ne pousse qu'arrosée de sang !

LITHOTRITIE. — Système chirurgical qui a pris pour devise : *Diviser pour régner.*

LUETTE. — Le loquet du gosier.

MACHOIRE. — Une antiphrase; car on donne toujours ce nom à des sénateurs ou à des académiciens qui n'ont plus de dents.

MALADE. — Homme qui commence à apprécier la santé.

MOMIES. — Confitures de cadavre.

MERCURE. — Au baromètre de l'amour il marque toujours *tempête*.

MORGUE. — Garde-manger de la mort.

NARCOTIQUE. — Qui assoupit. Se trouve dans les pharmacies, les théâtres et les cabinets de lecture.

ŒIL. — La fenêtre de l'âme. Trop souvent, par malheur, il n'y a personne à la croisée.

OREILLE. — Un collecteur dont l'intelligence est le filtre.

POULS. — Le vrai jeu du *petit bonhomme vit encore*.

RHUMATISME. — Avocat du mariage.

SOIF. — C'est aussi une des raisons pour lesquelles l'homme boit.

SOMMEIL. — Un ami comme les autres !... Il vous plante là quand on en a le plus besoin.

SOMNAMBULE. — Habile personne dont la profession consiste à changer à son bénéfice le fluide en solide. (Prix, 10 francs.)

SQUELETTE. — Le canevas d'un homme.

SYNCOPE. — Mort à l'essai.

TÉNIA. — La première victime du régime cellulaire.

TRANSFUSION. — Procédé pour faire trinquer le sang de deux êtres à la santé de l'un.

VEINES ET ARTÈRES. — Les chemins vicinaux du corps.

PIERRE VÉRON.

(*Le carnaval du Dictionnaire*) (1).

VIEILLERIES

En sortant de la chambre de Louis XV, mort dans un état de décomposition affreuse, le duc de Villequier, premier gentilhomme de la chambre d'année, enjoignit à M. Andouillé, premier chirurgien du roi, d'ouvrir le corps et de l'embaumer. Le premier chirurgien devait nécessairement en mourir. « Je suis prêt, répliqua Andouillé ; mais pendant que j'opérerai, vous tiendrez la tête : votre charge vous l'ordonne. » Le duc s'en alla sans mot dire, et le corps ne fut ni ouvert ni embaumé.

Mᵐᵉ CAMPAN (*Mémoires*).

Maître Claude Desdamé, médecin du sieur

(1) Michel Lévy, éditeur.

Gaulard, le trouva un après-dîner qu'il dormait dans une chaise auprès du feu : de quoi il le reprit, lui disant qu'il n'y avait chose pire pour sa santé, alléguant l'hémistiche de l'École de Salerne : *Somnum fuge meridianum.* « Ah ! dit-il, je m'endormais seulement pour fuir l'oisiveté, car il faut toujours que je fasse quelque chose. »

TABOUROT.

*
* *

Une dame dit à Rivarol, qui avait été malade pendant un mois entier : « Votre santé a prouvé que vous étiez très aimable ; et votre maladie, que vous étiez très aimé. »

(*Esprit de Rivarol.*)

*
* *

Vaugelas mourut, à soixante-cinq ans, d'un abcès qui, depuis plusieurs années, s'était formé dans son estomac. Vers le commencement de 1650, après quelques semaines d'une douleur plus violente que jamais, il se sentit soulagé tout à coup, et, se croyant guéri, il voulut aller prendre l'air dans le jardin du vaste et splendide hôtel de Soissons, où il avait un appartement. Le lendemain matin, son mal le reprit avec plus de force. Vaugelas avait deux valets ; l'un était sorti, il envoya l'autre chercher du secours. Sur ces entrefaites, le premier revint ; il entra dans la chambre de son maître, et le trouva qui rendait son abcès par la bouche.

— Qu'y a-t-il donc? demanda ce garçon effrayé.

— Vous voyez, mon ami, répondit Vaugelas sans s'émouvoir, avec le flegme d'un grammairien qui démontre une règle, vous voyez ce peu de chose qu'est l'homme! »

Ce fut sa dernière parole, et peu de temps après il était mort.

V. Fournel.

(Histoire anecdotique des quarante fauteuils.)

*
* *

M de Talleyrand ayant envoyé chercher M..., célèbre financier-munitionnaire, on vint lui dire qu'il était allé prendre les eaux de Barèges : « Je le reconnais bien là! s'écria le ministre, il faut toujours qu'il prenne quelque chose. »

*
* *

Quand Madame Douairière (veuve de Gaston, frère de Louis XIII) commença à vieillir, elle devint souffrante, malingre et comme hébétée. Elle avait l'habitude d'aller aux lieux d'aisance dès que le maître d'hôtel, avec sa baguette, venait pour annoncer que l'on avait servi. Un jour, Madame avait M. Gaston à table, et elle courut ainsi dès que le maître d'hôtel entra. Celui-ci s'arrêta, et examina sa baguette par les deux bouts. M. Gaston dit : « Saint-Remi, que cherchez-vous à votre bâton? » Il répondit : « Je

cherchais si mon bâton était fait de rhubarbe ou
de séné; car aussitôt qu'il paraît devant Madame,
je vois qu'il purge. »

Mᵐᵉ la duchesse D'ORLÉANS.

(Correspondance.)

*
* *

Dans une visite faite chez le médecin Dupla-
nil, les commissaires, en fouillant les rayons de
la bibliothèque, trouvèrent, parmi des liasses de
papiers, quelques lettres de Louis XIV, de Tu-
renne, de Bossuet, etc. : « Ah! s'écrièrent-ils,
tu prétends que tu n'es pas aristocrate, et tu
entretiens des correspondances avec ce tyran et
ces suspects. »   *(Aneries révolutionnaires.)*

*
* *

M. Dangeois, homme de qualité, aimait Santeuil à cause de ses plaisanteries. Il le mena un
jour avec lui à sa maison de campagne, et, voulant lui jouer un tour, il dit au laquais qui le
conduisait à la chambre où il devait coucher, de
prendre adroitement son haut-de-chausse et sa
soutanelle et de les lui apporter. Le laquais ayant
réussi à s'en emparer, il les apporta à son maître,
qui les fit rétrécir; ensuite on les rapporta dans
la chambre où dormait Santeuil. Dès qu'il fut
jour, M. Dangeois vint heurter à sa porte, et
Santeuil s'éveillant en sursaut : « Qui est là?
dit-il.

— C'est moi, répondit M. Dangeois en entrant : avez-vous bien dormi?

— Pas trop, repartit Santeuil!

— Vous êtes donc malade? continua M. Dangeois.

— Point du tout, ajouta le poëte.

— Assurément, vous l'êtes, car vous avez un fort mauvais visage.

— Je ne sens pourtant point de mal, dit Santeuil. Il se leva en disant cela, et prit son haut-de-chausse qu'il ne put jamais mettre, et ensuite sa soutanelle, qu'il déchira en voulant la vêtir. Cela surprit Santeuil, qui, à force d'entendre dire qu'il était malade, le crut véritablement, et se remit au lit.

M. Dangeois envoya chercher un médecin, qu'il avait prévenu d'avance. Ce dernier tâta le pouls à notre poëte, demanda à voir sa langue et son urine, et dit qu'il était plus mal qu'on ne croyait. Santeuil assurait cependant qu'il ne sentait point de mal : « Tant pis, repartit le médecin, c'est signe que le mal vous accable et vous ôte le sentiment. Il faut prendre ce soir un lavement; demain matin on vous saignera. » Ce qui fut fait.

Le médecin, étant revenu voir Santeuil le jour de la saignée, lui demanda comment cela allait.

— Assez bien, il faudra me purger demain?

— Oui, monsieur, ajouta le médecin, et on lui donna le jour suivant un grand verre de vin de Canarie, qu'il but jusqu'à la dernière goutte. Ayant pris cette agréable médecine :

— Mais, dit-il, elle ne me semble pas comme les autres ; elle est meilleure, et j'en prendrais bien davantage si l'on m'en donnait.

— C'est assez pour aujourd'hui ; on verra demain s'il vous en faudra encore.

Une heure après, le médecin vint voir l'effet de la médecine, et ayant demandé au prétendu malade en quel état il était : « J'ai besoin, dit-il, d'une médecine, et vite une médecine, monsieur le docteur.

— Que sentez-vous ?

— Beaucoup de chaleur, dit Santeuil.

— Il faut vous rafraîchir, et en même temps il lui fit boire une bouteille de vin blanc en guise de limonade. Pendant qu'il buvait, il disait qu'il s'accommoderait fort des médecins et des médecines du pays, et qu'on ne traitait pas ailleurs les malades avec d'aussi belles méthodes : « Nous usons ici, dit le médecin, des remèdes propres aux maladies des malades.

— Parbleu ! dit alors Santeuil en se levant brusquement de son lit, je crois qu'on se moque de moi, je me porte bien. Il se met aussitôt à chanter, danser, et faire mille postures qui égayèrent son hôte, le médecin et tous ceux qui étaient avec eux.

(Santoliana.)

*
* *

M. de Tavanes, le jour de la Saint-Barthé-

lemy, se montra fort cruel ; et se promenant
tout le jour par la ville, et voyant tant de sang
répandu, il disait et criait au peuple : « Saignez,
saignez ; les médecins disent que la saignée est
aussi bonne en tout ce mois d'août comme en
mai. »

BRANTOME (Hommes illustres).

*
* *

On conte dans les Vosges qu'un certain Fleurot, fameux rebouteur, dont les descendants
existent encore au Val-d'Ajol, fut appelé près
d'un roi de France pour lui remettre la mâchoire, qu'il s'était démontée en bâillant, dit la
légende. Les médecins de la cour y avaient
perdu leur latin. Le père Fleurot arrive avec ses
gros souliers ferrés. On l'introduit au milieu des
seigneurs et des chirurgiens, qui riaient sous
cape de son air de paysan. Fleurot passe d'abord
silencieusement près du roi, en l'examinant à la
dérobée, puis il revient sur ses pas, et, sans
faire semblant de rien, il lui décharge un maître
coup de poing sous la mâchoire. Les spectateurs
se jettent sur lui pour l'arrêter : « Imbéciles !
crie le roi, je suis guéri. » C'était vrai.

V. FOURNEL.

(Excursions dans les Vosges.)

*
* *

Sully s'étant présenté à la porte du cabinet du

14

roi, qui lui avait donné parole qu'ils passeraient ensemble la matinée à travailler, le roi lui fit dire de s'en retourner, et de revenir l'après-dînée; qu'il avait la fièvre, et n'était pas en état de se lever. Sully se défia de ce qui pouvait être, attendit dans l'antichambre, et vit passer, quelques heures après, une jeune personne mise galamment, et habillée en vert, qui sortait de la chambre de S. M. Le roi parut ensuite lui-même et affecta d'être incommodé. « Sire, lui dit Sully, je pensais que votre fièvre était passée. Au moins l'ai-je vue descendre l'escalier habillée de vert. »

DREUX DU RADIER.

(Récréations historiques.)

*
* *

En grasseyant, la divine Chloë
Disait un jour : « Qu'importe un œil, un nez,
Est-ce le corps? c'est l'âme que l'on aime,
L'étui n'est rien. « Voilà dans l'instant même
Que de l'armée arrive son amant,
Taffetas noir étendu sur sa face,
Il couvre un nez qui fut jadis charmant,
Ou bien plutôt n'en couvre que la place.
Il voit Chloë, veut voler dans ses bras;
Chloë recule, et sent mourir sa flamme.
« Mon Dieu ! dit-elle, est-il possible, hélas!
Qu'un nez de moins change si fort une âme!

*
* *

M. Henri Erskine, écossais et fameux avocat,

ayant rencontré un jour au spectacle, à Édimbourg, lady Wallace, lui fit compliment sur sa brillante santé. « Comment, lui dit-elle, mais je suis grosse comme une baleine. — Hélas ! reprit-il, je voudrais être Jonas. — Quoi ! trois jours et trois nuits, monsieur Erskine ? »

*
* *

Le docteur Hugh, mort évêque de Worcester, était le savant le plus doux et le plus aimable qu'il y eût. Il possédait un baromètre très curieux : il l'avait payé 200 guinées. Un jeune homme dont la famille était très attachée à ce prélat, passant un jour à Worcester, crut devoir lui faire une visite : il fut très bien accueilli. Or, il arriva que le laquais qui lui avança un fauteuil fit tomber le baromètre : l'instrument fut brisé en mille pièces. Le jeune homme, au désespoir d'être la cause innocente de l'accident, cherchait à excuser le domestique auprès de son maître, qui lui dit en souriant : « N'en parlons plus ; le temps a été très sec jusqu'à présent ; j'espère qu'enfin nous aurons de la pluie : je n'ai jamais vu mon baromètre si bas. »

*
* *

Un courtisan, grand dissipateur, voulant se moquer de M. de Lort, médecin du cardinal de Richelieu, le pria de lui dire quelle maladie il pouvait avoir, et pourquoi, ne sentant aucune douleur, buvant bien, mangeant bien, dormant tout de même, ses excréments étaient toujours verts : « Il ne faut pas s'en étonner, dit le médecin, c'est que vous avez mangé tout votre bien en herbe. »

BLANCHARD (*École des mœurs*).

*

La dernière dauphine (la duchesse de Bourgogne) était horriblement sale : quelquefois elle s'est fait donner un clystère dans le cabinet du roi, où il y avait beaucoup de monde ; elle se tenait debout devant le feu, derrière un écran, et la femme qui le lui donnait se tenait à genoux, après s'être avancée sur les pieds et les mains. Cela passait pour une gentillesse.

Mme la duchesse d'ORLÉANS.
(Correspondance.)

*

Une dévote à Saint-Landri
Faisait, dit-on, une neuvaine
Pour la santé d'un sien mari,
Attaqué de fièvre quartaine ;
Il mourut... Lors la femme dit :
« Du saint que la faveur est grande !
C'est justement qu'on le bénit,
Il fait plus qu'on ne lui demande. »

*

Asker-Khan, ambassadeur persan venu en

France sous Napoléon Ier, se sentant malade depuis plusieurs jours, ordonna qu'on fît venir M. Bourdois, l'un des plus habiles médecins de Paris, dont il connaissait le nom, ayant toujours soin de s'informer de toutes nos célébrités dans tous les genres. On s'empresse d'exécuter les ordres de l'ambassadeur; mais, par une singulière méprise, ce n'est pas M. le docteur Bourdois qu'on prie de se rendre auprès d'Asker-Khan, mais le président de la cour des comptes, M. Marbois, qui s'étonne beaucoup de l'honneur que lui fait l'ambassadeur persan, ne voyant pas d'abord quels rapports il pouvait y avoir entre eux. Cependant il se rendit avec empressement auprès d'Asker-Kkan, qui put sans peine prendre le costume sévère de M. le président de la cour des comptes pour un costume de médecin.

A peine M. Marbois est-il entré que l'ambassadeur lui présente la main, lui tire la langue en le regardant. M. Marbois est un peu surpris de cet accueil; mais pensant que c'était sans doute la manière orientale de saluer les magistrats, il s'incline profondément, serrant humblement la main qu'on lui présentait. Il était dans cette position respectueuse, lorsque quatre des serviteurs de l'ambassadeur lui apportent et lui mettent sous le nez, à titre de renseignements, un vase d'or à signes non équivoques. M. Marbois en reconnut l'usage avec une surprise et une indignation inexprimables. Il regarde avec colère, demande vivement ce que signifie cela, et s'entendant appeler M. le docteur : « Comment ! s'écria-t-il, M. le docteur ? — Mais oui, M. le docteur Bourdois. » M. Marbois est confondu. C'est la parité de désinences de son nom et de celui du docteur qui l'a exposé à cette désagréable visite.

CONSTANT (Mémoires).

*
* *

Un chirurgien français est chargé de saigner le Grand Seigneur. Soit timidité, soit maladresse, la pointe de la lancette reste dans la veine. Le sang ne peut couler. Il était question de faire sortir cette pointe. L'Esculape ne perd pas la tête. Il applique un soufflet à Sa Hautesse, qui, par le mouvement que lui fait faire la surprise et l'indignation, facilite le jet du sang et la sortie du bout de la lancette. Cependant on veut se saisir du chirurgien. « Laissez-moi, dit-il, achever la saignée et bander la plaie. » Cette opération terminée, il se jette aux genoux du sultan, raconte le fait. Le sultan lui pardonne et le récompense de lui avoir conservé la vie, en gardant son sang-froid en un semblable danger.

(Bibl. des romans.)

*
* *

Bembow, amiral anglais, s'avança par son

seul mérite. Il avait commencé par servir en qualité de matelot, sans se douter de ce que la fortune devait un jour faire pour lui. Dans sa seconde campagne, il n'occupait encore qu'un poste sur un vaisseau de guerre; il servait un canon dans une action avec un de ses compagnons à qui un boulet emporta la jambe : « Je ne puis plus rester debout, lui cria celui-ci. Porte-moi, je te prie, au chirurgien » Bembow le charge aussitôt sur ses épaules et l'emporte. Il n'était pas encore auprès du chirurgien qu'un second boulet enleva la tête du blessé. Bembow, qui ne s'en aperçoit pas, appelle à tue-tête le chirurgien, qui sort, et qui, voyant sa charge, lui dit : « Que diable veux-tu que je fasse d'un homme dont la tête est emportée? — La tête, répondit Bembow, il m'avait dit que c'était sa jambe. »   (*L'Abeille de Montmartre.*)

*

Dernièrement, un préfet écrivait à un maire de prendre ses précautions en prévision du choléra, qui commençait à sévir dans le département. Le maire, fort embarrassé d'instructions qui lui semblaient si vagues, après de longues méditations, écrivit à M. le préfet que ses précautions étaient prises et qu'il attendait, lui et les siens, le fléau de pied ferme.

On s'informa des mesures prises par le digne maire, afin de juger de leur efficacité, et l'on apprit qu'il avait fait creuser dans le cimetière assez de fosses pour y loger au besoin tous ses administrés. (*Le Nord.*)

* *

C'était dans je ne sais plus quel musée de curiosités. Un bon bourgeois voit deux langues sous verre, une grande, l'autre petite, et il demande au cicérone de l'endroit :

« A qui donc ont appartenu ces deux langues, s'il vous plaît ?

— La plus grande est la langue de l'empereur Charlemagne, répondit le cicérone.

— Et la plus petite ?

— Du même Charlemagne quand il était enfant. » Guérard (*Dict. d'anecdotes*).

* *

On racontait un accident récent...

Une dame, ayant imprudemment laissé des fleurs dans sa chambre, a été asphyxiée pendant la nuit.

— Diable ! fit X***, c'est ce qu'on peut appeler mourir d'une *fleurésie*.

* *

Plusieurs lords étaient dans une taverne de Londres : tout à coup un homme tombe à leurs pieds, avec des symptômes d'apoplexie. « Je parie qu'il ne vivra pas vingt minutes, dit l'un d'eux. — Cinquante guinées qu'il est mort sous un quart d'heure. — Cent qu'il meurt avant dix. — Cent qu'il est mort. — Cent qu'il respire encore. » Tous les paris sont aussitôt acceptés que proposés. L'un de ceux qui avaient parié pour la vie se joint à la foule assistante, et porte au moribond un flacon sous le nez : « Milord ! milord ! s'écrie un de ceux qui pariaient pour la mort, un instant ! les flacons n'en sont pas ! »

(Le Spectateur.)

*
* *

L'AMI MÉDECIN

Une femme tomba malade,
Sans que l'on devinât de quoi.
Le mari mande en grand émoi,
Un médecin de très haut grade,
Qui tâte et retâte le pouls,
Qui met et remet ses lunettes,
Et n'aperçoit rien là-dessous
Après vingt visites longuettes.
— « Elle se meurt ! dit-il enfin ;
« Cela se voit sans être fin.
« Vous pouvez appeler un prêtre.
« Mais ce qu'elle a, Dieu seul le sait.
« Ou monsieur le diable peut-être. »
Le docteur prononce l'arrêt,
Se fait payer et disparaît,
De vie ou de mort ayant cure
Et laissant agir la nature ;
Mais empochant : point principal !
C'était tirer le bien du mal.
Resté seul, l'époux se lamente,

Pleure, s'arrache les cheveux ;
Il était vraiment amoureux,
Et serait mort pour la mourante.
Il se plaint de plus en plus fort,
Autour du chevet il se tord,
Il se battrait avec le sort.
— « Mais qu'as-tu ? gémit-il sans cesse.
« Tu me caches quelque secret.
« Dis-moi ce qui te guérirait ;
« Envie ou désir qui me blesse,
« Je jure de le contenter,
« Qu'est-ce qu'il te faudrait, mignonne ?
« Quoi que ce soit, je te le donne,
« Afin de te ressusciter. »
— « Je meurs… de ma vertu, dit-elle,
« Et, sur le point de trépasser,
« Je veux au moins me confesser :
« J'adore ton ami Chantrelle… »
Le mari se leva d'un bond
Et sortit, s'épongeant le front,
Et marmottant sans aucun doute :
— « A ce prix-là, trop il en coûte !
« Vers l'éternité suis ta route. »
Je comprends que l'on soit humain
Comme le bon Samaritain,
Et que l'on aide le prochain
De ses conseils, de ses richesses ;
Mais encourager les tendresses
De sa femme pour le voisin !
Ce n'en est pas encor la mode.
Peut-être bien, dans l'avenir,
Le progrés fera-t-il venir
Cette conjugale méthode ?
Pour le présent, nenni, ma foi !
L'on ne prend femme que pour soi :
C'est un commandement du Code.
Or, la malade, une heure après,
En rouvrant sa morne prunelle,
Outre son mari, vit tout près,
Le croira-t-on ? l'ami Chantrelle !

Le mari l'avait amené
Pour raviver l'agonisante.
— « Mais, disait Chantrelle, étonné,
« Je n'ai jamais médeciné,
« Je suis une bête ignorante,
« Je tuerais même les gens sains,
« Et tu remettrais en mes mains
« Ta femme déjà si râlante? »
— « Ah! reprit-il, fort sérieux,
« Les vrais médecins sont des ânes,
« La pauvrette ne veut plus d'eux
« Et t'a choisi pour aller mieux
« Je l'abandonne à tes... tisanes. »

Auguste Saulière.

(*Histoires conjugales.*) (1)

*
* *

UNE MÉDECINE

MONOLOGUE COMIQUE AVEC COUPLETS

—

REFRAIN :

Ah! plaignez, plaignez mon destin,
Mon épouse, pour mon chagrin,
S'est fait recevoir médecin.
Mon malheur est intolérable,
Epouvantable, irréparable,
Implacable, incommensurable...
Ah! plaignez, plaignez mon destin,
J'ai pour épouse un médecin.

Oui, ma femme est une femme savante,
allez... elle est reçue docteur-médecin. Vous al-

(1) E. Dentu, éditeur.

ez peut-être me féliciter? Vous allez me dire :
« Êtes-vous heureux, vous! vous n'avez pas besoin de payer un médecin quand vous êtes malade! » Eh bien, je vous assure que j'aurais pré-
féré épouser une cuisinière!... Ah! par exemple,
pour me soigner, elle me soigne. Ainsi, quand
j'ai mal à la tête, elle me pose des rigolots aux
jambes à m'enlever la peau des mollets. Si je
me fâche un peu, parce que je trouve le potage
exécrable, les côtelettes brûlées, ou que je cueille
une punaise dans le macaroni, si j'ai le malheur
de ronchonner elle s'écrie :

« Oh! mon Dieu, mon ami, comme tu es
rouge! tu vas avoir une congestion cérébrale...
vite une saignée! »

Alors elle m'empoigne le bras et me saigne.
Quand elle trouve que cela ne me calme pas,
elle me pose des sangsues. L'autre jour, j'avais
une fluxion... elle m'a arraché de force six
dents... et comme je geignais :

« Ah! que six dents! a-t-elle dit, ce n'est
rien!

— Comment, ce n'est pas un grand accident,
ça? »

Quand j'ai mal au pied, elle me parle de me
couper la jambe... Ai-je mal à la tête? elle veut
me couper le cou. Puis si je m'emporte, elle me
dit pour me calmer, en me passant la main dans
les cheveux :

« Lorsque tu seras mort, mon beau lézard
vert...

— Eh bien, quand je serai mort, tu me pleureras, n'est-ce pas ?

— Oui, répondit-elle, et je te disséquerai. »

Brrr! rien que d'y penser, il me semble que je suis à l'Ambigu... C'est pas une femme que j'ai épousée là, c'est un scalpel.

1er COUPLET :

J'avais rêvé pour mon ménage
Un ange bien doux, bien mignon,
Une épouse qui me ménage
Et me dorlot' dans du coton.
Mais au contraire ell' me taquine
Et ne cess' de me canuler...
Sous l' prétext' qu'elle est médecine,
Ell' veut toujours me faire aller.

L'hiver, j'aimerais bien rester au coin du feu avec ma femme, car j'adore mon intérieur. — Ah! bien ouiche, crac!... On frappe : la bonne entre en disant : « On demande le médecin, il s'agit d'un cas très grave. C'est un monsieur qui, en passant dans la rue, la bouche ouverte, a avalé par mégarde un tapis qu'on secouait par la fenêtre. »

Aussitôt ma femme se lève, met son paletot et son chapeau :

« Mais, lui dis-je, ma louloute chérie, tu ne sortiras pas, nous sommes si bien chez nous!

— Comment! je ne sortirai pas!... est-ce que vous êtes fou, Cocarneau?... Je ne sor-ti-rai pas! Oubliez-vous donc que je me dois à la science, à l'humanité?

— Mais, hasardai-je timidement, il me semble que vous vous devez aussi à votre mari.

— A mes malades d'abord, à mon mari ensuite. »

Et elle file pour ne rentrer qu'à minuit. Si j'ai alors le malheur de lui faire des observations, elle m'appelle sans-cœur, égoïste, barbare, monstre, crocodile ! Ensuite, pour justifier sa rentrée à une heure aussi incongrue, elle me raconte qu'elle a eu à faire l'opération de la cataracte.

« Comment ! tu es allée voir la cataracte du Niagara ?... Oh ! je ne m'étonne plus que tu sois rentrée aussi tard... pardonne-moi !

— Imbécile ! me dit-elle, la cataracte, c'est quelque chose qu'on a à l'œil.

— Alors, si c'est *à l'œil*, on ne paye pas le médecin ? tu n'avais pas besoin de te déranger. »
(*Au refrain.*)

2ᵉ COUPLET :

Je comprends que dans la journée
Elle s'absente fréquemment
Et qu'elle fasse sa tournée
Avec zèle, avec dévoûment.
Il ne faut laisser mourir personne !...
Mais ce qui cause mon ennui,
Ce qui m'agac', c'est quand on sonne,
Pour la faire sortir la nuit.

Tenez, il y a quelque temps, à deux heures du matin, il faisait un froid de quinze degrés... Drrrin ! dirrelin ! drrrin ! On sonne :

« Au voleur ! m'écriai-je en me levant en sursaut.

— Tais-toi donc, me dit mon épouse, ce n'est
pas un voleur, les voleurs n'ont pas l'habitude
de sonner, c'est un client… ou plutôt une
cliente : la fruitière d'en face qui est dans les
douleurs de l'enfantement. »

Aussitôt ma femme s'habille, sort et me
plante là… Il a bien fallu me résigner. Huit
jours après, à la même heure (deux heures du
matin), drrrin ! dirrelin ! drrrin !

« Cette fois, dis-je à ma femme, tu ne diras
pas que ce ne sont point des voleurs, j'ai entendu armer un revolver…

— Tu rêves, mon ami, c'est la fruitière du
coin qui est dans les douleurs de l'enfantement.

— Comment ! encore ?… ah çà, cette fruitière
accouche donc tous les huit jours ? Et les statis-
ticiens viendront dire ensuite que la France se
dépeuple !… » (*Au refrain.*)

3° COUPLET :

Très nombreuse est sa clientèle ;
Elle a des malades partout,
A Vaugirard, à la Chapelle,
Aux Batignolles, à Saint-Cloud.
Mais ses nombreuses promenades
Eveillent enfin mes soupçons,
Car la plupart de ses malades
N' sont pas des femm's mais des garçons !

J'ai bien peur d'être de la confrérie des maris
trompés. Ainsi, hier, dans l'après-midi, je rentre

chez moi ; je venais de faire une partie de billard avec Berlingot... j'ouvre la porte... O ciel ! que vois-je ? Un jeune homme aux pieds de mon épouse !... Je n'écoute que ma fureur, je lève ma canne, et je me dispose à assommer le séducteur, lorsque ma femme se tourne vers moi en me disant :

« Ah çà, est-ce que par ta jalousie stupide, tu vas me faire perdre ma clientèle ? Voici un monsieur qui vient me demander une consultation, et tu le reçois à coups de canne ?

— Mais il n'a pas besoin de se mettre à tes pieds !

— Il ne peut pas se tenir différemment, le pauvre garçon, il a un rhumatisme... »

Eh bien, le croiriez-vous ? j'ai été assez naïf pour couper dans cette frasque-là... j'ai mieux fait, j'ai aidé ma femme à frictionner le jeune homme... Et pourtant j'ai des soupçons, de graves soupçons, d'autant plus qu'on jase de moi dans le quartier... pis que cela, on me rit au nez, et j'entends dire autour de moi : « Vous savez, c'est Cocarneau, celui dont la femme est médecin... ha ! ha ! ha ! » Jusqu'à cet imbécile de Galuchet qui rit encore plus que les autres, et qui me disait tout à l'heure : « Tu devrais te faire nommer cocher de tramway. — Et pourquoi cela, monsieur ? — Dame, parce que, pour avertir les passants, tu pourrais donner de bons coups de corne... » (*Au refrain.*)

Alphonse LAFITTE (*Almanach pour rire*).

* *

CHARLATANS HABILES

—

Il n'y a point d'absurdité qui n'ait des partisans ; et on peut tout hasarder, parce qu'il y a des esprits de toute espèce.

Deux charlatans débutent dans une petite ville de province ; mais comme des personnages importants venaient de se présenter à Paris, à titre de docteurs, qui, par le geste et le tact guérissaient toutes les maladies, ils pensèrent qu'il fallait encore quelque chose de plus extraordinaire pour accréditer leur savoir-faire, qu'il fallait enfin un tour de force.

Que font-ils? Il serait difficile de se l'imaginer. Ils s'annoncent tout simplement pour ressusciter des morts à volonté ; et pour qu'on n'en puisse douter, ils déclarent qu'au bout de trois semaines, jour pour jour, ils rappelleront à la vie, dans le cimetière qu'on voudra bien leur indiquer, le mort dont on leur montrera la sépulture, fût-il enterré depuis dix ans.

Ils demandent, en attendant, au juge du lieu, qu'on les garde pour s'assurer qu'ils n'échapperont pas, mais qu'on leur permette, en attendant, de vendre des drogues et d'exercer leur savoir. La proposition paraît si belle qu'on n'hésite pas à les consulter. Tout le monde assiège leur maison, et jamais on n'avait vu tant d'argent dans la ville en question, qu'il en parût alors, pour payer ces médecins d'un genre si nouveau.

Le fameux jour approchait, et le compagnon, qui n'en savait pas tant que le maître, dit au docteur : « Malgré toute votre habileté, je crois que vous nous exposez à être lapidés ; car enfin je jurerais que le talent de ressusciter un mort ne vous a point été communiqué, d'autant plus que vous prétendez faire plus que le Messie même, qui ressuscita Lazare au bout de quatre jours seulement.

— Vous ne connaissez pas les hommes, lui répliqua le docteur, et je suis plus tranquille que vous ne croyez. »

Effectivement, à peine avait-il parlé, qu'il vint une lettre de la part d'un gentilhomme du lieu ; elle était conçue en ces termes :

« D'après la grande opération que vous devez faire, monsieur, je vous avoue que je tremble, et que je ne dors pas. J'avais une femme qui était un démon, qu'on a enterrée depuis peu de temps, et je serais assez malheureux pour que vous la ressuscitiez ! Au nom de Dieu, ne faites point usage parmi nous d'un pareil savoir, qui est cependant un très beau secret. J'aime mieux vous donner cinquante louis, etc. »

Deux heures après arrivent deux jeunes gens tout éplorés, et qui lui représentent, en sanglotant, qu'ils n'ont de bien que ce qu'un parent a daigné leur laisser, et que s'il vient à ressusciter, ils vont tomber dans la plus affreuse indigence. Ceux-ci donnèrent soixante louis pour qu'on n'usât pas du pouvoir. Ce fut enfin une continuité de lettres et de visites, depuis le matin jusqu'au soir, tellement que le juge vint lui-même en personne dire à nos deux célèbres charlatans : « Messieurs, je ne doute nullement, d'après les cures merveilleuses que vous venez d'opérer dans notre canton, de la belle et superbe expérience que vous deviez faire après-demain dans un de nos cimetières; je me promettais même de vous y accompagner, quoique ce ne soit pas ma coutume : mais vous voudrez bien observer que toute notre ville est en combustion, qu'on craint avec raison que, par votre pouvoir enchanteur, vous ne veniez à ressusciter un mort dont le retour à la vie peut causer dans les fortunes quelque grande révolution. Ainsi je vous supplie de n'en point faire usage, et de partir, car je vous avoue qu'on tremblera toujours, tant que vous serez ici; mais, pour rendre justice à vos suprêmes et divins talents, je vais vous donner une attestation en bonne forme, comme quoi réellement vous ressuscitez les morts, et qu'il n'a tenu qu'à nous de le voir. »

Le certificat fut signé, parafé, légalisé. Nos deux compagnons, chargés d'or, en courant les provinces, montrèrent de toutes parts leur superbe attestation.

PRESCRIPTION DE SOMNAMBULE

—

J'ai reçu, dit A. Latour dans l'*Union médicale*, la lettre suivante, que je m'empresse de publier pour l'édification du public, relativement à la médecine des somnambules :

Monsieur le Rédacteur,

A propos de prescriptions de somnambules, en voici une qui mérite d'être signalée, moins encore pour son originalité que pour le danger de son administration :

PRENEZ :

Au cimetière Montmartre (*sic*)

Un morceau d'os de la jambe, enveloppez dans une chaussette portée pendant une semaine, plongez le tout dans un litre d'eau, faites bouillir pendant une heure.

Le malade devra boire cette tisane dans l'espace d'un jour.

La mère du jeune homme auquel était destiné cet affreux breuvage, vint me consulter pour avoir mon avis sur l'innocuité de cette boisson.

Voilà, au centre même de Paris, un nouvel exemple du crédit que la faiblesse humaine est susceptible d'accorder au charlatanisme le plus extravagant.

Votre tout dévoué confrère,

JOSAT, D.-M.-P.

« Paris, 5 août 1853. »

* *

DUELLISTE MOURANT

—

Un duelliste renommé mourait de maladie.

dans son lit, comme le plus vulgaire des mortels.

Il interpelle son médecin.

« Je suis bien bas, lui dit-il ; répondez-moi franchement ; pensez-vous que je puisse m'en tirer ? »

Le médecin secoue la tête en signe de doute.

Alors le malade se dressant sur son séant :

« Une épée ! crie-t-il ; une épée !

— Calmez-vous ! fait le docteur effrayé. »

Il connaît les antécédents du moribond et ne tient pas à être sa dernière victime.

« Une épée ! répète celui-ci.

— Mais enfin que voulez-vous en faire ?

— Docteur, un homme comme moi doit mourir les armes à la main ! »

COLOMBEY.

(Les originaux de la dernière heure.)

***

LA NOUVELLE PHARMACOPÉE

—

Monsieur Gripon (c'est un octogénaire,
Vieillard fâcheux, à tout désespérer,
Spectre vivant, qui, je crois, pour affaire,
A négligé de se faire enterrer) ;
Ce Gripon donc, à la tête chenue,
Aux yeux pourprés, à l'air tout rechigné,
Depuis un mois dans son lit rencoigné,
D'une insomnie exacte et continue
Était atteint. Depuis trente-deux nuits,
Oui, trente-deux, pas n'avait le bonhomme
Un seul instant dormi d'un léger somme.
Partant, jugez des peines, des ennuis

De la maison ; car les jérémiades,
Les propos durs, les vives rebuffades,
Et les transports avec les juremens,
Au plus ragot, au plus grec des malades,
Rien ne coûtaient. Par avis de parents,
Pour endormir le vieillard colérique,
On eut recours au docte spécifique
    De Mercuro Bol-Asinos,
Jeune docteur qui, par son art magique,
Tenait alors le ciseau d'Atropos.
Le docteur entre en perruque carrée,
D'un air distrait caresse son jabot ;
Sur une enfant pas par trop déchirée
Jette un coup d'œil, puis vient à l'ostrogot,
Tâte son pouls, lui fait tirer la langue,
En jolis riens lui fait une harangue,
Et puis après avoir vanté son nom,
Finit enfin par ordonner l'opium.

Or le gisant, têtu de sa nature,
Contre l'opium de tout temps déchaîné,
Saigne du nez ; mais plus il en murmure,
Plus après lui son fils est acharné :
Déjà trois fois la coupe salutaire
A chancelé dans sa tremblante main ;
Déjà trois fois sa bouche sur le verre
S'est imprimée et recule soudain.
— Monsieur, dit-il, souffrez que je diffère :
Bien crois l'opium salutaire et divin
Contre mon mal, mais je connais un homme
Qui, sans savoir le grec ni le latin,
A néanmoins un remède certain ;
Et, si ce soir je ne dors pas un somme,
J'aurai recours à vous demain matin.

Le docteur sort sans se mettre en colère,
Et mons Gripon fait courir à l'instant
Chez son voisin, non chez l'apothicaire,
Mais chez Brochure ; or, c'était son libraire.
« Que voulez-vous, dit Brochure accourant ?

— Las ! je me meurs, mon cher monsieur Brochure !
Depuis un mois je n'ai pas fermé l'œil !
N'auriez-vous point chez vous quelque recueil
De plats discours, dont la froide lecture
Me fit dormir ? — Si fait, parbleu, voisin,
   J'ai chez moi le père Caussin
   Et autres œuvres jésuitiques :
Contre nos bons auteurs j'ai toutes les critiques ;
   Des vers sans feu, des feuilles, des journaux ;
   En outre, j'ai trente opéras nouveaux,
   Et cent discours académiques :
Voyez, décidez-vous. J'ai, par exemple, encor
   Les trois Siècles, la Dunciade...
   Holà, mon cher, dit le malade,
Ce dernier, pour dormir, lui seul vaut son poids d'or. »

   De son réduit poudreux on tire le poème,
   On le secoue avec effort,
On l'apporte... O prodige ! ô remède suprême !
On l'ouvre, on lit, on bâille, on s'étend et l'on dort.
   Le lendemain, chez le malade,
   Vers midi paraît le docteur...
Paix, monsieur Gripon dort, lui dit-on. Quel bonheur !
— Eh bien, sans moi ?... — Non pas ! c'est à la Dun-
   Que nous devons cette douceur.   [ciade

Ces mots au médecin, frappé de la puissance
   Des paroles et des esprits,
Donnèrent à penser. Quoi ! dit-il, des écrits
Auraient tant de pouvoir ? poussons l'expérience,
Voyons... De ce moment il n'employa plus rien
   Que ce remède, et l'on s'en trouva bien.
   Il ordonna, pour guérir leurs contraires,
   Les Montesquieu, les Rousseau, les Voltaire,
   Les d'Alembert, les Diderot,
  Les Marmontel, les Saurin, les d'Arnaud,
Duclos, Dorat, et Gresset et Lemierre ;
   D'autres encore y furent joints ;
   Et le docteur, bientôt, grâce à ces soins,
Se vit couru de la nation entière.

> Dans son hôtel (il changea de maison)
> Pistoles pleuvaient à foison ;
> On l'écoutait comme un oracle,
> Et même avant la guérison,
> Chacun déjà criait miracle.

WILLEMAIN D'ABANCOURT.

LA MÉDECINE DE LA FOI

—

Dans le Loir-et-Cher, il se vend en ce moment une sorte de circulaire imprimée à Blois et intitulée :

LE MÉDECIN DES PAUVRES

C'est avec le plus vif plaisir que j'en reproduis quelques extraits :

« *Prière pour arrêter le mal de dents.*

« Cinq *Pater* et cinq *Ave* en l'honneur et l'intention des cinq plaies de N.-S.-J.-C. Le signe de croix sur la joue avec le doigt en face du mal que l'on ressent, en très peu de temps vous serez guéri.

« *Oraison pour guérir promptement de la colique.*

« Mettez le grand doigt de la main droite sur le nombril, et dites : Maria, qui êtes Marie, ou colique passion qui es entre mon foie et mon cœur, entre ma rate et mon poumon, arrête, au nom du Père, du Fils et du Saint-Esprit, et dites trois *Pater*, trois *Ave*, et nommez le nom de la personne, et dites : Dieu t'a guéri. *Amen.*

Il y a aussi des prières pour guérir la *teigne*, mais, hélas! il n'y a aucune oraison pour guérir l'idiotisme; de sorte qu'il se trouve encore bon nombre d'imbéciles dans le *Loir-et-Cher*, pour acheter et pour croire à des turpitudes semblables !   *(L'Opinion.)*

SONNET MÉDICAL

—

LE VER SOLITAIRE

Bien avant que Fourier rêvât le phalanstère,
Bien avant Saint-Simon et le père Enfantin,
Dans les retraits ombreux du petit intestin
Le Solium déjà pratiquait leur chimère.

Un cestoïde obscur, un simple entozoaire,
Avait constitué l'Etat républicain,
Martyr voué d'avance au remède africain (1),
Salut, fils du Scolex, pâle et doux solitaire !

Tes anneaux, dont chacun forme un ménage uni,
Sur un boyau commun prospèrent à l'envi,
L'un à l'autre attachés, pas plus sujets que maîtres.

Oui, c'est un beau spectacle, et faut-il s'étonner
Si l'admiration me pousse à célébrer,
En vers de douze pieds, le ver de douze mètres?

                         Dr Georges CAMUSET.

(1) Le Cousso qui provient d'Abyssinie.

D'UN SOUABE
A QUI ON VOULUT APPLIQUER UN CLYSTÉRE, ÉTANT MALADE EN PAYS ÉTRANGER.

—

Un jeune et riche Souabe, étant malade d'une grande douleur qu'il sentait à la tête, on lui prépara un clystère. Or, comme l'apothicaire dressait son équipage pour le lui donner, le Souabe, non accoutumé qu'on lui seringuât par le fondement ainsi rudement, se leva tout en furie, jurant *bigott*, et, appelant tous les médecins *Schelms*, dit qu'ils étaient de gros ânes de lui vouloir médiciner le cul, son mal étant à la tête. Ce qu'ayant dit, il prit le clystère et avala le tout, ainsi qu'il eût fait d'un verre de vin ou de bière.　　　　　　　　　　　*(Contes à rire.)*

FRANÇOIS VILLON A LA COUR D'ANGLETERRE

—

. . . .
Par le roi d'Angleterre, Édouard cinq, Villon
Fut reçu quand il eut été banni de France.
Il avait échappé deux fois à la potence.
Ceci, vous le voyez, n'annonçait rien de bon.
Il était débauché, maraudeur, grand ivrogne,
Et pourtant Edouard du bandit sans vergogne
Fit son inséparable et joyeux compagnon,

Pourquoi? C'est que François Villon était poète ;
Ce titre seul couvrait d'un manteau protecteur
Les vices peu cachés de l'impudent auteur.
Est-ce de notre temps qu'un roi lui ferait fête ?...

Villon suivait le roi partout, même au privé :
Or, un jour qu'Edouard s'y trouvait en posture,
Le regard vaguement vers le plafond levé,
Il indiqua du doigt à Villon la peinture
Des armes de la France, en lui disant : — Tu vois
Le grand cas que j'en fais : c'est là leur place unique.

— Vous êtes, sacrebleu ! le plus sage des rois,
Et votre médecin n'est pas une bourrique !
Le finaud vous connaît à ce point constipé,
Qu'il vous faut chaque jour prendre un apothicaire
(La langue m'a fourché : je veux dire un clystère) ;
Et c'est sans doute lui qui, de cela frappé,
Vous a fait mettre ici les armes de mon maître,
Afin qu'à leur aspect, la peur qu'elles font naître,
En votre esprit troublé, vous servit à l'instant
D'un puissant laxatif. Elles ne sauraient être
Autre part, ou sinon, vous et tous vos valets,
D'épouvante saisis en les voyant paraître,
En un retrait puant changeriez le palais !

Frère JEAN.

*
* *

RAISON ET FOLIE

—

— *Maître*, disait un jour à Esquirol un de ses disciples, *indiquez-moi un critérium sûr pour distinguer la limite qui sépare la raison de la folie.*

Le lendemain, le maître réunissait à la même table son disciple et deux personnages ; l'un, correct jusqu'à la perfection dans sa tenue et son langage, — l'autre exubérant, plein de lui-même et de son avenir. En prenant congé, le disciple rappela au maître le critérium qu'il lui avait demandé la veille.

— *Prononcez vous-même*, lui dit Esquirol, *vous venez de dîner avec un fou et avec un sage.*

— *Oh! le problème n'est pas difficile; le sage c'est cet homme si distingué, si accompli; quant à l'autre, quel étourdi! quel casse-tête! Il est vraiment à enfermer.*

— *Eh bien!* lui dit Esquirol, *vous êtes dans l'erreur: celui que vous prenez pour un sage se croit Dieu le père; il met dans son attitude la réserve et la dignité qui conviennent à son rôle: c'est un pensionnaire de Charenton. Quant au jeune homme que vous prenez pour un fou, vous pouvez saluer en lui l'une des gloires de la littérature française: c'est M. Honoré de Balzac.*

(France médicale.)

*
* *

UN INCURABLE (1)

Quand l'ivrogne Martin fut vieux,
Le médecin qui le conseille
Lui dit un remède à l'oreille,
Pour guérir le mal de ses yeux :

(1) Cette épigramme est citée en note, sans signature, dans les œuvres de C. Marot, tome II, page 465. Elle présente une grande analogie avec le *Curé borgne*, de Grécourt, et le *Curé*

« Mon pauvre compère Martin,
« Ta maladie m'est connue ;
« Tu n'auras tantôt plus de vue,
« Si tu bois encore du vin. »

Lors, Martin, fermant ses paupières,
« Adieu, dit-il, adieu lumière ;
« Le bon Martin n'a que trop vu,
« Et n'a pas encore assez bu.

« Aveugle, je ferai connaître
« Cette véritable leçon,
« Qu'il n'importe de la fenêtre,
« Pourvu qu'on sauve la maison. »

*
* *

NOUVELLES A LA MAIN

—

Le docteur Gallard, dans sa visite d'hôpital, s'arrête au lit d'un alcoolique et fait remarquer à ses élèves la couperose qui enlumine et bourgeonne le nez de ce malade, puis il ajoute en s'éloignant : « Voilà le résultat des excès de petit bleu. »

— Est-il bête, dit le malade à son voisin de lit, je ne bois que du vin blanc !

*
* *

Un avocat plaidait contre un dentiste :
— Messieurs, dit-il en commençant, il me

incorrigible, de J.-B. Rousseau, que nous avons publiés dans les
Anecdotes médicales, page 119.

sera facile de résumer les débats. On devait nous mettre pour cinq cents francs de *dents*, et on nous a mis *dedans* pour cinq cents francs; voilà toute la cause.

**

— Oui, mon cher, disait un émule de Calino, j'ai trouvé à Étampes un excellent dentiste, qui m'a arraché, pour trois francs, une dent qui me faisait souffrir le martyre. Et, ma foi, c'était si bon marché... que je m'en suis fait arracher deux!

**

Réclame découpée à la quatrième page d'un journal :

« UN PRÊTRE a inventé un remède d'une efficacité parfaite et d'un emploi facile et insensible, guérissant tous les cors aux pieds. — Envoyer 3 francs en timbres-poste à M. X..., on recevra de suite avec instruction détaillée... »

Jusqu'à présent, le clergé s'était posé comme le médecin des âmes. Il paraît que ça ne lui suffit plus, et qu'il veut être encore le médecin des *cors*.

**

Un jour, le docteur Laborie, médecin de l'Opéra, est chargé d'aller constater une indisposition grave d'une demoiselle du corps de ballet, qui avait plus de protecteurs et de prétention que de talent.

Il la trouve emmitouflée au coin du feu, et d'un ton sentimental :

« Docteur, lui dit-elle, je suis bien malade ; je viens d'avoir la douleur de perdre ma pauvre grand'mère, et ce coup cruel... »

L'imprudente oubliait que, six mois avant, elle avait déjà usé du même prétexte en des circonstances semblables. Le docteur Laborie cependant l'avait écoutée sans s'émouvoir, et d'un ton parfaitement candide :

« Pardon, mais il me semble que vous avez déjà eu bien souvent le malheur de perdre cette vénérable parente.

— Non, docteur, pas souvent, fit-elle emportée par la situation, ce n'est que la seconde fois. » P. VÉRON.

**

— J'ai visité hier la maison du docteur Luys.
— Et il y a toujours beaucoup de monde ?
— Oh ! un monde fou !

**

Depuis l'apparition de la comète, Timoléon Bollard s'est pris d'une belle passion pour l'astronomie.

Plongé dans une cosmographie, il lit la phrase suivante :

« Les opticiens disent avec raison que les lentilles grossissent les objets. »

— Le fait est, s'exclama Timoléon, que, depuis que j'en ai beaucoup mangé, j'ai le ventre comme un tonneau.   (*Courrier du soir.*)

*
* *

Après une bataille, un fossoyeur enterrait les morts.

— Mais, malheureux, lui dit un des officiers qui surveillaient cette sinistre besogne, tu viens de pousser dans la fosse un homme qui respirait encore !

— Ah ! monsieur, répliqua le fossoyeur, on voit bien que vous n'avez pas, comme moi, l'habitude... Si on les écoutait, il n'y en aurait jamais un de mort.   A. VILLEMOT.

*
* *

PLOMBIÈRES

—

AIR : *Dans ma chaumière.*

Muse, à Plombière,
Ne sois pas fière,
Dicte-moi quelques chants nouveaux !...
— Que dire ici, fait la mutine,
Pour Hypocrène, j'ai les flots
De la piscine

Va pour piscine !...
Dans l'origine,

On y lavait les bœufs, les veaux.
Ici, tout comme en Palestine,
Combien sont lavés d'animaux
        Dans la piscine !

        En son enceinte
        L'on peut, sans crainte,
Croire un vieux miracle à nouveau,
Car, sous la forme féminine,
Plus d'un ange vient troubler l'eau
        De la piscine.

        Mainte colombe
        Parfois y tombe !
On voit ses ailes s'y mouiller !...
Et chaque jour, troupe badine,
Les Amours viennent grenouiller
        Dans la piscine.

        Amants d'Aline,
        Ou de Justine,
De leurs rigueurs vengez-vous là.
Vous pourrez voir leur jambe fine,
Leur taille souple... et cætera...
        Dans la piscine.

        Là « brune ou bonde
        « Sera féconde, »
Ainsi l'a dit son médecin.
Mais près du *trou* cher à Lucine,
On ne voit plus le *capucin*
        De la piscine (1) !

        Paralytique
        Ou gastralgique,
De ses flots parfois sort guéri,

(1) Le *Trou du Capucin*, bain recommandé aux dames contre la stérilité, tirait son nom et sa célébrité, dit la légende, d'un ermitage qui en était très voisin.

Mais, vous le savez, ô Céline,
Souvent le cœur sort tout meurtri
De la piscine !

CARMOUCHE.

**

DIALOGUE

—

— Docteur, les bains que je prends ne me font rien ; dois-je les continuer ?

— Mais certainement, mon cher client.

— Cependant puisque je n'obtiens pas de résultat ?

— Pardon, monsieur ; les bains donnent toujours un résultat, ils nettoient.

**

MOT D'ENFANT

—

Le Docteur, à un enfant pleurant à chaudes larmes. — Il ne faut pas pleurer comme ça, mon enfant, si votre sœur a la rougeole, elle sera bientôt mieux.

L'Enfant. — Hi ! hi ! je ne pleure pas parce que ma sœur a la rougeole, mais parce que j'ai peur de l'avoir.

(Le Fun.)

* *
*

CONSULTATION
QUARTIER DU SENTIER

—

— Ce que je ressens n'est pas douloureux, mais pénible et agaçant; par exemple, j'ai continuellement des démangeaisons dans les jambes.

— Je vois ce que c'est, interrompt le docteur avec un fin sourire; vous êtes caissier!...

* *
*

ÉCHO D'EXAMEN

—

— Qu'est-ce que la rate? demande un examinateur.

— Parbleu! c'est la femelle du rat.

* *
*

UN MOT DU *PUNCH*

—

Dialogue entre un ministre protestant et un paysan ivre, occupé à faire boire son bétail dans une mare d'eau :

Le Pasteur. — Ne voyez-vous pas, incorrigible ivrogne, que votre bétail lui-même vous donne une leçon. Vos bêtes cessent de boire, aussitôt qu'elles ont apaisé leur soif.

Le Paysan. — Oui, votre révérence. Mais qui vous dit qu'elles en feraient autant, si elles pouvaient boire dans une mare de whisky!...

*
* *

RONDEAU (1)

—

Pour te guérir de cette sciatique;
Qui te retient comme un paralytique
Dedans ton lit sans aucun mouvement
Prends-moi deux brocs d'un fin jus de sarment;
Puis lis comment on le met en pratique.

Prends-en deux doigts; et bien chaud les applique
Dessus l'externe où la douleur te pique;
Et tu boiras le reste promptement,
   Pour te guérir.

Sur cet avis ne sois point hérétique :
Car je te fais un serment authentique,
Que, si tu crains ce doux médicament,
Ton médecin, pour ton soulagement,
Fera l'essai de ce qu'il communique
   Pour te guérir.

*
* *

EN POLICE CORRECTIONNELLE

—

— Prévenu, avez-vous déjà été condamné?
— Jamais, mon président... (se troublant),

(1) Adressé par Maître Adam à un de ses amis qui était atteint d'une sciatique.

c'est-à-dire que... on m'a dit... Mais j'étais tout petit, et je ne m'en souviens pas du tout

— A quoi avez-vous été condamné?

— Je ne sais pas... mais je crois bien que c'était à mort.

— Comment, tout petit, avez-vous pu être condamné à mort par un tribunal?...

— Pardon, mon président, c'est pas par un tribunal, c'est par... le médecin.

*
* *

SOUHAIT INGÉNIEUX

—

Le poëte sir William Davenant avait perdu son nez à la suite d'une maladie.

Un jour qu'il traversait une rue de Londres, une mendiante le poursuivit en lui demandant l'aumône.

« Que Dieu vous bénisse, sir, et préserve votre vue, » disait-elle.

Sir William, importuné, lui donna six pences.

« Que Dieu vous préserve la vue : mon doux sir, » s'écria-t-elle.

Sir William fut étonné de la répétition de ce vœu. Il lui demanda pourquoi elle priait si ardemment pour sa vue. « Car, Dieu merci! ajouta-t-il, je ne suis pas aveugle, ma bonne femme! — Non, sir, mais si jamais votre vue venait à baisser, vous n'auriez pas de place pour suspendre vos lunettes! » *(International.)*

* *

EFFET D'UNE MÉDECINE

—

En débarquant à Toulon sur *la Caravane*, le peintre Garneray, bien qu'il fût depuis longtemps assez malade pour que le docteur du bord lui eût ordonné de prendre médecine de deux jours l'un, provoqua en duel le capitaine du bâtiment et le tua. C'était justement un jour où il avait pris médecine.

« Que veux-tu, disait-il comme excuse à l'un de ses amis, la s..... médecine me tourmentait en ce moment-là ; je n'avais pas même le temps de viser pour voir les détails, j'ai tiré dans l'ensemble, et par vieille habitude, j'ai touché juste. »

GUÉRARD, (*Dict d'Anecdotes*).

* *

PINCÉE

—

Pas de veine ma petite !
Avoir un mal qui t'irrite,
Dire adieu pour quinze jours
Aux amours !
C'est navrant, lorsqu'on est belle
Jeune, fraîche et peu rebelle
De voir un agent brutal
Vous conduire à l'hôpital !

Au lieu de câlineries,
Des douces plaisanteries
Des soupirs que nous aimons,
    Les sermons
D'une nonnette sévère,
Les Ave, les Notre-Père
Les discours abrutissants
Des aumôniers agaçants.

Plus de soupers, de choucroutes,
D'écrevisses, mais des croûtes
Et quelques os à ronger.
    Ah ! songer
A tes peines, ô ma belle,
Me cause douleur cruelle,
A chaque instant je gémis
De l'état où je t'ai mis.

Et moi, forcé d'être chaste
Je maudis le mal néfaste
Qui comme toi m'a pincé...
    Harassé,
Moulu, plombé, je répète
Que l'Amour est une bête
De nous donner si souvent
Des coups de pied par-devant.

P. MARTINET (*Les Amours d'un Carabin*).

**
* *

AMPUTATION DE LA POUPÉE

Une petite fille, à laquelle on s'était vu obligé de couper un doigt, avait subi l'opération sans proférer une seule plainte, en serrant étroitement sa poupée dans ses bras : « Je m'en vais à présent couper la jambe à votre poupée, lui dit le chirurgien en riant, quand il eut achevé l'amputation ; la pauvre et courageuse enfant qui avait tant souffert sans dire un mot, à ce propos cruel, fondit en larmes.

LARCHER (*Dict. d'Anecdotes*).

***

LE LAVEMENT

—

Pour sa colique, à Blaise est ordonné
Un lavement de casse ou de séné.
Chez un apothicaire il porte l'ordonnance
« Combien le ferez-vous payer ?
Mais, là, parlez en conscience.   [vrier.
— Trente sous. — Ah ! c'est trop pour un pauvre ou-
A forfait pour ce prix je ne saurais le prendre.
Dès ce soir, je consens, monsieur, à vous le rendre ;
Combien faut-il pour le loyer ?

***

UN CONTE D'APOTHICAIRE

—

Cardin Lorin, apothicaire de Rouen, était un homme fort jovial et de fort bon esprit, qu'on envoyait en toutes les bonnes compagnies pour divertir le monde par ses contes facétieux. Il y avait un conseiller de la ville à qui cet apothicaire fournissait des drogues, et dont il ne pouvait tirer d'argent, quoique par plusieurs fois il lui eût apporté ses comptes ; mais il ne le trouvait jamais en état de vouloir compter. Un jour, comme ce conseiller traitait quantité de ses amis, après que l'on eût desservi, il dit à un de ses laquais : « Qu'on aille quérir mon apothicaire, Cardin Lorin, pour réjouir la compagnie. C'est, dit-il, messieurs, le plus facétieux homme de France, et qui a les plus jolis contes pour rire que vous ayez jamais entendus. » L'apothicaire, qui était proche voisin, vient aussitôt, à qui ce conseiller dit : « Or sus, seigneur Cardin, un petit *conte*. » L'apothicaire, qui se doutait à peu près de ce qu'on lui voulait, avait apporté ses comptes, qui prenant ce mot à son avantage, dit : « Je le veux bien, monsieur ; » tire ses papiers et ses jetons, et dit : « Tant pour une médecine, tant pour un clystère, etc. » Le conseiller, voyant qu'il lui demandait de l'argent devant tant de monde, eut honte de lui en refuser, et le paya.

D'OUVILLE (Contes).

*
* *

COQUILLES D'IMPRIMERIE

« Le *vieux* continue » — pour : le *mieux* continue. (*Moniteur*, — pendant la dernière maladie du prince Jérôme.)

16.

« Les Français eurent beaucoup à souffrir des fièvres des marais Pontins. »

NORVINS (*Histoire de Napoléon*).

Cette phrase avait d'abord été déchiffrée comme il suit par un compositeur :

« Les Français eurent beaucoup à souffrir des fèves de marais de Pantin. »

—

Le *Charivari* a relevé dans le *Journal de Constantinople* cette autre coquille : « On le voit, disait ce journal, l'*asthme* de M. de Lesseps va bien. » *Asthme* pour *isthme*.

—

— La santé de Mme X..., qui avait donné des inquiétudes à ses amis, s'est beaucoup améliorée. Elle commence à se *laver* (lever).

—

M. K..., médecin, est *risible* tous les jours de trois heures à quatre heures.

—

Une bien jolie coquille est celle que les habitants de Bourg-en-Bresse découvrirent un matin dans leur *Moniteur* local.

C'était en 1846 ou 1847, le préfet de l'Ain entrait en convalescence après une longue maladie, et la feuille départementale s'empressa d'annoncer en ces termes la bonne nouvelle :

« Nous sommes heureux d'apprendre à nos lecteurs que M. le préfet va beaucoup mieux. L'appétit est revenu, et avec beaucoup de *foins*, notre digne administrateur aura bien vite repris ses fonctions.

LE GARÇON D'AMPHITHÉATRE

AIR : *Femmes voulez-vous éprouver.*

Vous connaissez le gros Xavier
Qu'à chaque instant la soif talonne ;
Au mois de juin, comme en janvier,
Il sait faire honneur à la tonne.
Il est rougeaud, il est vermeil,
Il est très grave, il est folâtre.
Ecol' pratique, ton soleil
C'est le garçon d'amphithéâtre !   (*Bis.*)

Chaque matin à l'hôpital
Il fait sa lugubre tournée.
Lourde voiture et gros cheval
Que guide un' face enluminée.
Quel contraste avec le nocher
Qui pouss' les morts sur l'eau saumâtre !
Pourtant Dieu vous gard' pour cocher
D'avoir l' garçon d'amphithéâtre.   (*Bis.*)

A l'heur' d'la distribution
Comme il s'agite et se démène !

Ainsi qu'Ossa sur Pélion,
Il entasse la chair humaine.
Puis lestement il prend les corps,
Les couche en leur linceul grisâtre
Et les enlève sans efforts.
Place au garçon d'amphithéâtre   (Bis.)

Habile aux opérations
Il sait bien lier une artère;
Mais savant sans prétentions
Sur ses *sujets* seuls il opère.
De l'œil, du geste il guid' la main
De l'élève qu'il voit s' débattre.
Combien passent leur examen
Grâce au garçon d'amphithéâtre.   (Bis.)

Xavier n'a pas de préjugés:
Pour lui tous les hommes sont frères.
Il voit pousser les agrégés,
De l'Ecole il sait les mystères.
On l'entend dir' d'un professeur :
« Dieu! quelle ganach'! Dieu! quel emplâtre! »
Ah! dam', c'est un libre penseur
Que m' sieur l' garçon d'amphithéâtre. (Bis.)

S'il adore la Faculté,
Il aime aussi l'enseign'ment libre.
Trouvant du bon de chaqu' côté,
Il dit qu'ils se font équilibre.
Il reste au cours du pauv' docteur
Que n' suit pas un' foule idolâtre.
On est certain *d'un* auditeur
Grâce au garçon d'amphithéâtre.   (Bis.)

Tous ses cheveux sont déjà gris,
Mais de santé sa fac' rutile;
L'alcool conserv' ses esprits,
Avec les morts il vit tranquille,
Nos fils verront encor briller
Longtemps son tablier blanchâtre

Et l'entendront encor crier :
Place au garçon d'amphithéâtre !
Voilà l' garçon d'amphithéâtre !

Dr E. TILLOT.

* *

UNE VISITE PAYÉE PAR LE MÉDECIN

On croit généralement que ce qui peut arriver de pire à un médecin qui fait une visite à un malade, c'est de ne pas en être payé Il paraît qu'il peut y avoir plus fort que cela, et l'*Alger médical* nous cite à cet égard une histoire intéressante :

Un de nos confrères, médecin en chef d'une des ambulances de l'intérieur, recevait dernièrement chez lui un père de famille éploré qui venait réclamer son aide pour un de ses enfants très malade. Le médecin lui répondit : « Je suis moi-même atteint d'une fièvre intense; de plus, n'étant pas médecin de colonisation, je ne possède pas de cheval, mais si vous pouvez m'amener une voiture, je ferai tout mon possible pour vous rendre service. » Le père de famille revint avec une voiture et le médecin eut le bonheur de pouvoir sauver le malade; mais lorsque le praticien envoya une note de 10 francs pour sa visite, le client lui répliqua en lui communiquant une facture de complaisance s'élevant à la somme de 15 francs qu'il s'était fait délivrer par un voisin qui lui avait prêté sa voiture.

Le cas fut porté devant le juge de paix, qui condamna le médecin à rembourser la somme de 5 francs représentant la différence de sa note avec celle du client.

Espérons que notre collègue eût été plus heureux devant une juridiction supérieure.

* *

VIEILLERIES

—

Un ivrogne tombe au coin d'une rue. Sa face est tellement enflammée qu'on croit à une apoplexie et qu'on lui plonge les pieds dans un seau d'eau bouillante.

Il revient à lui. « De quoi? de quoi? s'écrie-t-il avec indignation, un bain de pieds et pas de petit verre! »

* *

Un Bébé. — Pourquoi donc qu'on lui a coupé les bras, m'man?

La Maman. — Parce qu'elle se fourrait toujours les doigts dans le nez.

* *

M. Lorry, médecin, racontait que Mme de Sully, étant indisposée, l'avait appelé et lui avait conté une insolence de Bordeu, lequel lui avait dit : « Votre maladie vient de vos besoins ; voilà un homme. » Et, en même temps, il se présenta dans un état peu décent. Lorry excusa son confrère, et dit à Mme de Sully force galanteries respectueuses. Il ajoutait : « Je ne sais ce qui est arrivé depuis, mais ce qu'il y a de certain, c'est qu'après m'avoir rappelé une fois, elle reprit Bordeu. »

**

Lieutaud, premier médecin de Louis XVI, étant atteint d'une pneumonie aiguë, qui l'emporta en cinq jours, maladie dont il reconnut immédiatement tout le danger, refusa tous les remèdes qui lui furent présentés.

« Laissez-moi, disait-il à tous ceux qui l'entouraient et qui le pressaient d'en faire usage, je mourrai bien sans tout cela. » Lorsque la médecine cesse d'être utile à un malade, elle doit en effet cesser de lui être importune. On respecta les derniers moments de Lieutaud, qui furent consacrés à la distribution de ses bienfaits, et sa mort fut aussi paisible que sa vie avait été honnête.

**

Lorsque Louis XIV tomba dangereusement malade à Calais, on fit venir d'Abbeville un bon médecin picard, qui, sans se gêner, s'assit sur le lit du roi et lui dit, en le caressant de la main :

« Nous guérirons ce gros garçon-là, mais je lui ordonne de se taire. »

Propos d'une grossière familiarité, dont la cour s'indigna, et dont le jeune monarque se souvint toute sa vie, au point que, l'ayant répété un jour devant la Faculté, il affecta de dire que lui seul avait le droit d'ordonner, et que le mot ordonnance lui déplaisait souverainement de la part des médecins, à quoi l'un d'eux, le vieux Delorme, répondit qu'il avait fait des ordonnances à Henri IV et à Louis XIII, ses prédécesseurs, et qu'au reste un roi qui avait besoin de son art n'était pour lui qu'un malade.

Les médecins, toutefois, continuèrent d'ordonner, même à la cour, et Fagon ne voulut pas en démordre, malgré les satires et les menaces du duc de Gramont; il fit même si bien que, le roi étant atteint de la fistule à l'anus, on ne manqua jamais de publier dans le bulletin de sa santé qu'il avait été purgé ou saigné par ordonnance de M. le premier médecin, ce dont Louis XIV ne se formalisait plus, se sentant sous la dépendance de cet archiâtre.

*
* *

Mareschal, premier chirurgien du roi, fit en 1726, avec le plus heureux succès, en présence de Morand, qui était jeune alors, et de plusieurs consultants, l'ouverture d'un abcès au foie à M. Leblanc, ministre de la guerre.

Dans l'instant où Mareschal portait le bistouri sur la tumeur pour en faire l'ouverture, Morand y posa le doigt ; Mareschal lui fit signe de l'ôter ; Morand le réappliqua en regardant fixement Mareschal, et lui indiquant des yeux que c'était là qu'il fallait ouvrir.

Mareschal fit l'incision au lieu marqué et pénétra dans le foyer de l'abcès.

Le ministre, parfaitement rétabli, donna un grand repas à sa famille et y invita Mareschal et Morand.

Dans ce cercle, où la joie était peinte sur les visages, le ministre prit Mareschal par la main et dit à ses convives :

« Voilà celui à qui je dois la vie !

— Vous vous trompez, monseigneur, répondit Mareschal, et en montrant Morand : c'est à ce jeune homme que vous la devez, car sans lui je vous tuais. »

Ce grand homme, plein de justice et de vérité, ne rougit point, dans une circonstance glorieuse, où le ministre lui témoignait sa vive reconnaissance, de lui faire le détail de son opération, et de lui apprendre que, sans Morand, il aurait fait en l'opérant une faute grave.

*
* *

Tycho-Brahé étant un jour dans le carrosse de l'empereur Rodolphe, et se trouvant pressé d'un besoin qu'il n'osait déclarer, on l'en retira presque mourant, et il mourut, en effet, quelques heures après, d'une rétention d'urine, à l'âge de cinquante-cinq ans. On lui fit cette épitaphe relative à la circonstance de sa mort :

Ci-gît qui, possédant les plus hautes sciences,
    Fut victime des bienséances,
Et dont le vrai portrait se fait en un seul mot :
Il vécut comme un sage, et mourut comme un sot.

(Improvisateur français.)

*
* *

Lyonnais avait été mis en vogue par la guérison de la chienne de Mme de Pompadour, ce qui lui avait valu le titre de médecin consultant des chiens de Sa Majesté Louis XV, avec un traitement de douze cents francs. Il savait s'apprécier à sa valeur, et traitait de collègue à collègue avec les membres de la Faculté. C'est de lui cette réponse magnifique à un docteur célèbre, dont il venait de guérir le *toutou* malade, et qui insistait pour lui payer ses soins :

« Allons donc, monsieur le docteur, voulez-vous m'humilier ? Entre confrères, vous savez bien que ce n'est rien. »

V. FOURNEL, (Spect. popul.).

*
* *

Louis XI ne se piquait pas de propreté. Il arriva qu'un de ses gardes, voyant un pou sur l'habit de ce prince, s'approcha, prit le pou et le jeta sans qu'on pût voir ce que c'était. Le roi le lui demanda, il fit quelques difficultés; mais, pressé par l'ordre du maître, il dit que c'était un pou. « C'est une marque que je suis un homme, » dit le roi, et il fit donner quarante écus à ce serviteur honnête et discret. Quelque temps après, un de ses officiers, alléché par l'espoir de la récompense, aborde le roi, fait semblant d'ôter quelque chose de dessus son habit, et de le jeter avec la même attention. « Qu'est-ce que c'est? » dit Louis XI. Après se l'être fait répéter, le prétendu officieux déclare que c'est une puce. « Misérable! me prends-tu pour un chien? » Et au lieu de quarante écus, le prince ordonne de lui donner quarante coups de bâton.

(Dictionn. des mœurs de France.)

*
* *

D'une suppression d'urine
Le secours de la médecine
A su quatre fois me guérir :
Mais, si le ciel ne m'est propice,
A ce coup je m'en vais mourir
D'une suppression d'office.

DE CAILLY.

*
* *

Quesnay, le médecin de Louis XV, recommandait à ses bontés un sien neveu, jeune homme fort dissipé et dont il garantissait, à l'avenir, la conduite.

— Un cerveau fêlé ne peut pas se recoudre, dit le prince.

— Oh! répondit le docteur en hochant la tête, ça se calfeutre.

*
* *

> A son évêque, un jour, le gros Lucas
>   Disait en étendant les bras :
> « Boire, manger, dormir et ne rien faire...
> Le doux métier! Que je le ferais bien! »
> « — Faquin! lui dit le prélat en colère,
> La digestion! la comptes-tu pour rien? »

*
* *

Un médecin célèbre ayant quitté le calvinisme pour se faire catholique, Henri IV dit à Sully : « Mon ami, ta religion est bien malade, les médecins l'abandonnent

*
* *

> Un Suisse, un jour, par un sien camarade
> D'un coup de quarte eut thoralex percé;
> Or, vous sentez qu'après cette estocade,
> Il ne valait pas mieux qu'un trépassé.
> Certain frater, après l'avoir pansé,
> Lui dit : « Mon cher, vous voilà bien malade!
> Mais si le coup dont on vous a blessé
> Était au bras, à la jambe, à la cuisse,
> La cure irait au gré de mon désir.
> — Que voulez-vous? lui répondit le Suisse,
> Je n'étais pas le maître de choisir. »

Pons, de Verdun.

Un paysan du bourg de Bulles, département de l'Oise, avait épousé une femme qui accoucha après quatre mois de mariage. Pour ne point agir en étourdi, il crut devoir, avant tout, consulter sur ce cas, qui lui paraissait étrange. L'homme de l'art auquel il s'adresse prend gravement un *in-folio*, le feuillette et dit : « Mon ami, savez-vous lire ?

— Non, monsieur.

— Tant pis ; mais écoutez :

« Au pays coutumier de Bulles en Bullois,
Femme peut accoucher au bout de quatre mois,
Mais cela seulement pour la première fois. »

Le villageois satisfait remercia le docteur, et fit bon ménage.

*
* *

La Condamine est aujourd'hui
Reçue dans la troupe immortelle
Il est bien sourd, tant mieux pour lui ;
Mais non muet, tant pis pour elle.

*
* *

Un médecin disait à Fontenelle que le café était un poison : « Docteur, dit l'Académicien, je le crois comme vous, mais c'est un poison bien lent, car il y a quatre-vingts ans que j'en prends. »

*
* *

On cause rhinoplastie dans un cercle où domine l'élément provençal, et chacun raconte sa petite histoire.

— Tout cela n'est rien, s'écrie un beau brun, avec le pur accent de la Cannebière, moi, j'ai un de mes cousins qui s'est fait faire un nez artificiel en peau de poule ; seulement, la peau, elle a été prise un peu bas... et chaque fois que mon cousin se mouche, il trouve un œuf dans son foulard. Quand il est enrhumé du cerveau, la famille ne vit plus que d'omelettes !...

***

— Madame Léona ?
— Madame est au lit.
— Alors... elle va mieux ?

***

REMÈDE HÉROIQUE

—

B... souffre horriblement des dents.

Un ami, farceur à froid, le croise sur le boulevard et regarde sa joue qui avait pris des développements formidables.

— Ah ! un remède ! un remède !
— J'en ai un... infaillible.
— Donne-le ; toute ma fortune est à toi !
— Bien simple, fait l'ami gravement : tu mets une pomme dans ta bouche du côté de

l'enflure et ta tête dans un four ; tu laisses chauffer ;... quand la pomme est cuite, tu es guéri !

(Le Charivari.)

**

LE GARÇON DE LA CONSULTATION (1)

—

Air : *Le Grenier* (de Béranger).

Place à Marius ! car c'est une puissance,
Le vieux garçon de consultation :
Avec quel art et quelle expérience
Il sait remplir sa grande fonction !
Air protecteur et face goguenarde,
Faisant sonner son érudition,
Mais bon enfant pour l'interne de garde,
Comme il conduit la consultation !   (*Bis.*)

Air : *A boire ! à boire ! à boire !*

Silenc', silenc', silence !
Majestueux il s'avance,
Tout son public autour de lui,
Et gravement s'exprime ainsi :

Air : *Chers enfants, dansez, dansez.*

Bonnes gens, entrez, entrez,
            Jeunesses,
Femmes en détresse,
Enfants tétants ou sevrés,
Dans cette salle entrez.

Allons pas *d'amphibologie*,
Dépêchez-vous de vous placer.

(1) Pot-pourri chanté au banquet de l'Internat le 19 avril
1879.

La gauche est pour la chirurgie,
A droit' la méd'cin' doit s'classer.
L'premier banc pour le: dames ;
Messieurs, soyez galants ;
Songez que sans les femmes
Vous n'seriez pas vivants.

Bonnes gens, entrez, etc.

AIR : *Femmes voulez-vous éprouver ?*

Nous faisons les opérations
Les plus grav's, les plus légères :
Lithotritie, amputations,
Et même celles des *cancères*.
J'opèr' moi-même pour les dents,
Et je pose les *éventouses ;*
Je *clarifie* au gré des gens ;
Les sangsu's de moi sont jalouses ! } (*Bis.*)

AIR : *Qu'il va lentement le navire.*

Vous paraissez être en ribotte,
Vous, mon vieux, qui venez d'entrer ;
Un p'tit verre, ça ravigote,
Mais en tout faut se modérer.
    — Monsieur se trompe ;
    Jamais je n'pompe,
Et n'connais pas seul'ment d'nom l'*Assommoir ;*
    C'est l'ataxie
    Qui *m'afixie ;*
Et si j'festonne, c'est par pur désespoir.
    — On vous donnera de l'*ordure*
De potassium qu'est un amer ;
Au méd'cin faut s'conformer,
C'est l'minist' d'la nature. (*Bis.*)

AIR : *Sur le pont d'Avignon...*

Sur le point d'vous asseoir,
Qui demandez-vous, madame ?
Sur le point d'vous asseoir,
Qui demandez-vous à voir ?

AIR : *Non, mes amis ; non je ne veux rien être.*

C'n'est pas assez d'l'hydropisie
Encristé dans mon *œuvair'* droit ;
On dit qu'j'ai z'un' *conjonctivie,*
Et je n'vois plus clair, v'là c'qu' j'vois.
On m'a d'jà mis dans c't'œil là du collyre
D'mitraill' d'argent et *d'surface* de zinc ;
Tant pus qu'j'en mets, tant pus qu'c'est pire ;
J'ai bien envi' d'boir' d'l'huile d' *Henri cinq.* (*Bis.*)

AIR : *Compere Guillery.*

Souffrez-vous, mon bonhomme,
Dans la boîte du g'nou,
 Dit's-le-nous ?
— Non, M'sieu ; c'est dans c'qu'on nomme
La palette du cou,
 Voyez-vous.
 — Le mal est venu
 Dans l'musc' charnu ;
C'est ce qu'on appelle un rhu...
Un rhumatisme (*bis*) articulaire aigu.

AIR : *C'est à table quand je m'enivre,*

Allez-vous chaqu' jour à la selle,
Pour parler comme Nélaton ?
— Ah ! Monsieur, vous m'la bâillez belle ;
Avec moi prenez un aut' ton. (*Bis.*)
Pauvre ouvrier, hélas ! je gagne à peine
Ce qu'il me faut pour m'trimballer à pied ;
Monter à ch'val me mettrait à la gêne, ⎰ (*Bis.*)
Et puis je suis un mauvais écuyer. ⎱

AIR : *Allons Babet.....*

Parlez, Madame à la mine rechignée ;
Que venez-vous ici chercher de bon ?
— Je viens, Monsieur, pour un' grosse araignée
Que l'méd'cin dit qu'j'ai logé' dans l'plafond.

— Passez par là, c'est de la chirurgie;
En un instant l'insecte aura vécu;
On va l'brûler à la flamm' d'un' bougie
Sans l'fair' souffrir, ici tout est prévu. $\Big\} (Bis.)$

AIR : *Qu'il va lentement le navire.*

Et vous, la vieille à la chauff'rette,
Pourquoi v'nez-vous nous consulter?
— De ce que je n'suis plus jeunette,
Est-ce une raison pour m'insulter?
    C'est la varice
    Qui m'rong' la cuisse,
Pour quoi que j'viens voir un méd'cin connu :
    Mais à mon âge,
    Quand on fut sage,
C'est tout d'mêm' dur d'exhiber son corps nu.
Je n'suis pas, moi, comm' vos cocottes
Pour qui la pudeur est un mot;
Respect à la veuve Plumeau,
    Ou gare les calottes! (*Bis*).

AIR : *Un' jeun' fille avait un père.*

Pour c't enfant-là, ma commère,
Qu'est-ce que vous v'nez demander?
— Il est sourd, ça m'désespère;
On m'dit qu'il faut le sonder,
Et que sa *trompe* est à vider.
Sa *tromp'* ! quelle injur' pour un' mère !
— Tâchez de n'pas tant babiller,
Laissez aux docteurs leur métier;
La chirurgie est de c'côté,
Et votre enfant sera traité
Comme il faut pour l'*absurdité*.

AIR : *Le Pont d'Avignon.*

Tâchez donc d'vous asseoir,
Vous restez là comme un terme;
Tâchez donc d'vous asseoir,
Vieux bonhomme au chapeau noir.

Air : *La Lorette* (de Nadaud).

C'est une histoire
D'vésicatoire,
Qui m'paralyse et m'gêne bigrement ;
Et je n'peux guère,
Avec c't' affaire
D'un acrobat' me permett' le mouv'ment...
L'méd'cin d'ici pour une *névralgique*
Qui m'tient la têt', m'a prescrit y a trois jours
De m'appliquer, un bon *épispatique*
Sur l'*os qui pue*, et d'l'entret'nir toujours.
Donc, je n'peux guère,
Avec c't' affaire,
Aller m'asseoir comme tous les chrétiens ;
Car ça m'élance
Comme un coup d'lance,
A chaqu' secouss' qui s'fait au bas d'mes reins.

Air : *Aussitôt que la lumière.*

Vous, l'homme à la trogn' fleurie,
Avec vot' flacon d'liqueur ?
— C'est contr' la mélancolie
D'une *hydrophobie* au cœur ;
L'méd'cin dit que j'ai l'*alcolique*,
J'souff' pourtant pas d'l'intestin,
Mais si c'est un ver, j'm'applique
A l'tuer chaque matin.

Air : *Il était un' bergère.*

Que v'nez-vous ici faire ?
Répondez donc, l'homme au coin du feu ;
Que v'nez-vous ici faire
Avec ce vieux sac bleu,
Corbleu ?

Air : *T'en souviens-tu ?*

Un méd'cin m'dit, j'en ai l'âme tout' saisie,
Que d'*sanguinair'*, j'suis d'venu *scrupuleux* ;

Que j'ai les nerfs *ennemis d'Anastasie*,
Et que l'*métal* est c'qui leur convient l'mieux.
Aux *pièc's d'argent* j'ai l'cuir, dit-on, sensible ;
Ça n'm'étonn' pas ; aussi, j'viens tout d'abord
Prendre un consult', pour l'caissier bien lisible, *(Bis.)*
Ou d'la monnaie à m'appliquer su l'corps.

AIR : de *Zampa*.

Aimable fillette
Là-bas tout' seulette,
Que demandez-vous ?

AIR : *Au clair de la lune*.

Monsieur, j'suis chlorose,
Et j'viens pour m'guérir...
— J'entrevois la cause
De vot' déplaisir :
Vous avez quequ' peine ;
Contez-moi donc ça :
Avec moi pas d'gêne,
Ça vous consol'ra.

AIR : *Paillasse* (de Béranger).

Pourquoi donc amener ce chat,
  Tout couvert de charpie ?
Faut êt' docteur pour montrer la...
  Oui, la *pattologie*,
  Car cette animal,
  Dans tout hôpital,
Est par ordre interdite ;
  Jamais Charité
  N'fut Maison d'santé
Pour c'te race maudite.

AIR : *Le Grenier* (de Béranger).

Où courez-vous, Mam'sell' l'impatiente ?
Aux seuls docteurs s'ouvre ce cabinet.
— Laissez, mon cher ; je suis *étudiante*
Et viens noter les cas sur mon carnet.

— Si gn'y a pas d'quoi tomber en défaillance
Un' médecin' ! j'en suis scandalisé :
Car, si l'amour se met à la science,
Gn'y a pus d'sexe et l'amour est rasé *(Bis.)*

AIR : *Silenc', silenc', silence !*

Silenc', silenc', silence !
Allons, la consult' commence ;
Voilà le chef qui vient d'sonner ;
A l'hôpital, qui veut *rentrer ?*

AIR : *Le Roi d'Yvetot.*

Le garçon d'consultation
Qu'ici j'ai fait revivre,
Ne prit jamais d'inscription,
Mais parlait comme un livre.
On le garde encore à Paris,
Bien conservé dans un baril
D'esprit,
Oh ! oh ! oh ! oh ! ah ! ah ! ah ! ah !
Le bon garçon que c'était là,
Là, là.

Dr EMILE TILLOT.

*
* *

PROBLÈME TINTAMARRESQUE

—

Un monarque et un berger sont tous deux malades.

Le berger traite son mal par le mépris et le potentat se drogue à outrance.

Qui les guérira ?

La médecine, *le roi ;* et l'hasard, *le pâtre.*

**

CRI DU CŒUR

—

L'histoire de la cataleptique de Beaujon a passionné la province.

Un jeune marié de Castel-Bajac a eu un cri du cœur en apprenant ce curieux cas pathologique :

— Elle a dormi deux mois ! Mon Dieu, si ça pouvait donc arriver à ma belle-mère ?

**

LE MOT DE LA FIN

—

Dans le mot APOTHICAIRE, on trouve POT A CH...

Paris. — Typ. Ch. Unsinger, 83, rue du Lac.